深度学习企业实战
——基于R语言

[英] 尼格尔·刘易斯（N.D.Lewis） 著 邓世超 译

人民邮电出版社

北 京

图书在版编目（CIP）数据

深度学习企业实战：基于R语言 / （英）尼格尔·刘易斯（N. D. Lewis）著；邓世超译. -- 北京：人民邮电出版社，2019.6
ISBN 978-7-115-51009-9

Ⅰ．①深… Ⅱ．①尼… ②邓… Ⅲ．①程序语言－程序设计 Ⅳ．①TP312

中国版本图书馆CIP数据核字(2019)第053187号

版 权 声 明

◆ 著　　　[英] 尼格尔·刘易斯（N.D.Lewis）
　　译　　　邓世超
　　责任编辑　胡俊英
　　责任印制　焦志炜

◆ 人民邮电出版社出版发行　　北京市丰台区成寿寺路 11 号
　　邮编　100164　　电子邮件　315@ptpress.com.cn
　　网址　http://www.ptpress.com.cn
　　固安县铭成印刷有限公司印刷

◆ 开本：800×1000　1/16
　　印张：13
　　字数：249 千字　　　　　　　　　2019 年 6 月第 1 版
　　印数：1 – 2 000 册　　　　　　　2019 年 6 月河北第 1 次印刷

　　著作权合同登记号　图字：01-2016-9392 号

定价：59.00 元

读者服务热线：(010)81055410　印装质量热线：(010)81055316
反盗版热线：(010)81055315
广告经营许可证：京东工商广登字 20170147 号

内容提要

深度学习是机器学习的一个分支，它能够使计算机通过层次概念来学习经验和理解世界。同时，深度学习也是非常贴近 AI 的一个技术分支，得到了越来越多人的关注。本书侧重于 R 语言与深度学习的结合，旨在通过通俗易懂的语言和实用技巧的介绍，帮助读者了解深度学习在商业领域的应用。

本书包含 12 章，涉及基本的 R 编程技巧和深度学习原理，同时介绍了神经网络和深度学习在商业分析中的应用。除此之外，本书还介绍了神经网络的学习机制、激活函数等内容，并且给出了新闻分类、客户维系方法、消费预测、产品需求预测等实用策略。

本书注重实用性，不对读者做过多的技术要求，适合所有想通过 R 编程来了解深度学习，并对其商业化应用感兴趣的读者。

致谢

我特别要感谢：

我的妻子 Angela，感谢她的耐心和不断鼓励；

我的女儿 Deanna 和 Naomi，感谢她们为本书和我的网站拍摄了数百张照片；

本书的早期读者，感谢他们为我提供的宝贵建议。

序言

掌握深度学习并进行商业分析

深度学习就像拥有魔法一样在媒体上引起了轰动。但你该如何入门呢？本书可以带你完成一次轻松而有趣的旅程，在 R 中通过深度神经网络构建自己的业务模型。本书采用平实的语言，在 R 语言中提供了直观、实用、非数学的，且易于遵循的指南来传达最佳的理念，既包含出色的技术，又提供了可用的解决方案。

本书对读者无经验要求，假定读者从来没有学过线性代数，更不喜欢看到导数之类的东西，也不喜欢复杂的计算机代码，读者阅读本书的目的是希望通过通俗易懂的语言，了解如何使用深度神经网络以解决商业问题，并希望亲自动手实践一下。

本书面向有以下需求的读者：

- 侧重语言的解释说明，避免枯燥的数学推导；
- 拥有真实数据的商业应用程序；

- 对于 R 中的运行实例，可以轻松地理解并实践。

快速上手：深度学习不仅仅是通过简单的步骤将数据处理为可操作的直观内容，本书作者还会告诉你这是如何完成的，甚至比你想象的容易。通过一个简单的教程，你将学习如何通过 R 语言构建可以解决商业问题的深度神经网络模型。一旦你掌握了该教程，就可以很容易地将自己的知识转化为符合实际需求的商业应用。

事半功倍：R 语言简单易用，并且可以在所有主流操作系统上免费使用！本书的每一章都按步就班地介绍了深度神经网络的不同方面。在解决一些具有挑战性的实际业务问题时，你需要亲自动手实践一下。

业务分析迅速

本书是一本介绍深度学习在商业分析方面的入门读物，它将以通俗易懂的文字为你介绍如何利用深度学习提升商业价值。

你将学到以下知识：

- 挖掘深度神经网络于在线新闻报道分类方面的潜力；

- 开发用于评估客户流失的解决方案；

- 为客户品牌选择建模设计一些成功的应用程序；

- 掌握有效的产品需求预测技术；

- 部署深度神经网络以预测信用卡消费情况；

- 采用成功的解决方案预测汽车价格。

无痛学习：本书是专门为那些希望在短时间内掌握如何使用深度神经网

络的人而量身打造的。它利用强大的 R 编程语言为读者提供必要的工具，从而最大限度地提高读者的认知，加深读者对上述知识的理解，继而提升其在数据分析项目中的应用能力。

快马加鞭：如果你希望加快学习进度并学以致用，那么本书就是一个很好的入门方案，它揭示了深度神经网络的工作原理，并为你提供了一个易于遵循的实践指南，告诉你如何使用强大且免费的 R 编程语言快速地构建深度神经网络。

轻松入门：本书包含了新手入门所需的一切。它是属于你的实践手册和战术指南，只需按步就班地遵循其中的步骤就有可能从新手迈入专家的行列。

学习本书，意味着你使用深度神经网络方面的技能将获得重大突破。

N. D. Lewis 的其他著作

- Deep Learning Step by Step with Rython

- Deep Learning Made Easy with R

  - Volume I: A Gentle Introduction for Data Science

  - Volume II: Practical Tools for Data Science

  - Volume III: Breakthrough Techniques to Transform Performance

- Build Your Own Neural Network TODAY

- 92 Applied Predictive Modeling Techniques in R

- 100 Statistical Tests in R

- Visualizing Complex Data Using R

- Learning from Data Made Easy with R

前言

现在市面上深度学习方面的图书越来越多，那么为什么还有人要继续写另外的呢？我一直对深度学习的概念及其商业应用很着迷。它提供了很多新的可能性，可以从数据中提取很多有用的见解。现在，随着 R 语言的兴起，这些工具比以往更容易使用。很多知名的科技企业已经部署了深度学习技术来帮助它们解决业务问题。但是，现在很多教科书侧重于技术细节，并且篇幅过长，偏数学化，对于应用案例的讲述反而太少。

本书的目标是向读者介绍深度神经网络中各种强大的应用工具。我的愿望是帮助读者通过 R 语言开发得心应手的实用工具。本书通过使用真实数据和 R 编程语言阐述了深度学习技术在解决商业问题上的潜力，它采用通俗易懂的语言避免涉及过多的数学知识。

你不需要是一名天才

本书内容通俗易懂，读者不需要是一名专业的统计员或编程专家，就能理解本书讨论的实用理念并能够直接从解决方案中受益。对于希望将深度学习工具应用于商业问题的读者来说，目前市面上有关这方面的书籍仍难觅踪迹。本书的主要目标是鼓励读者广泛采用深度学习技术来解决企业面临的问题。

内容概要

本书包含了构建深度神经网络的所有重要内容，从具体的商业插图，到按部就班的 R 示例，再到读者可能在实际工作中遇到的问题。本书收集了经过精简处理的最佳实用工具、理念和可能用到的提示技巧，其中包括一系列真实的商业分析案例，它们用于说明业务问题的特殊性和深度神经网络技术用于解决这类问题的强大特性。

实践方法是贯穿本书的重点，它们已被证明能够提供出色的性能，并能够提高清晰度和效率。出于这个原因，本书在相关章节中包含了很多技术细节。

关于 R 新手

本书旨在为读者提供一条捷径，它将逐步向读者展示如何在免费且流行的 R 语言统计软件包中构建各种模型。

这些示例都有明确的说明，并且可以直接在 R 语言开发环境下输入并显示结果。R 语言新手也可以轻松地使用本书，而无需任何预备知识。最好通过输入示例中的代码并阅读代码中的注释来理解它们。可以在 R Project 网站免费下载适用于初学者的 R 语言程序和教程。如果读者对 R 语言一无所知，可前往 CRAN 网站查看 R 语言的简易教程，这些教程对于 R 语言新手真的非常棒。

最后，数据科学最终是关乎现实生活和真实的人的，也是力求将机器学习算法应用于实际问题，以便提供有用的解决方案。无论你是谁，来自何处，你的背景或学历是什么，你都有能力掌握本书介绍的方法。有了适当的软件工具、足够的耐心和正确的指导，我个人认为深度学习方法可以被任何对它感兴趣的人所掌握。

古希腊哲学家伊壁鸠鲁曾经说过：

"我写东西并不是为了取悦大众，而是为了你，我们每个人都有足够的观众。"

尽管本书中的想法可能会传递给万千读者，但是我仍然努力遵循伊壁鸠鲁的原则——让你阅读的每一页内容都非常有意义。

一个建议

当读完本书的时候，希望你将能够把本书讨论过的某些方法付诸实践，你会因为在 R 中能够快速简单地将这些技术应用和部署而感到惊讶。只需几次实战应用，你将很快成为一名熟练的执业人员。因此，建议你将这些阅读到的内容付诸实践。

Dr. N.D. Lewis

资源与支持

本书由异步社区出品，社区（https://www.epubit.com/）为您提供相关资源和后续服务。

配套资源

要获得本书的配套资源，请在异步社区本书页面中单击 配套资源 ，跳转到下载界面，按提示进行操作即可。注意，为保证购书读者的权益，该操作会给出相关提示，要求输入提取码进行验证。

如果您是教师，希望获得教学配套资源，请在社区本书页面中直接联系本书的责任编辑。

提交勘误

作者和编辑尽最大努力来确保书中内容的准确性，但难免会存在疏漏。欢迎您将发现的问题反馈给我们，帮助我们提升图书的质量。

当您发现错误时，请登录异步社区，按书名搜索，进入本书页面，单击"提交勘误"，输入勘误信息，单击"提交"按钮即可。本书的作者和编辑会对您提交的勘误进行审核，确认并接受后，您将获赠异步社区的 100 积分。积分可用于在异步社区兑换优惠券、样书或奖品。

扫码关注本书

扫描下方二维码，您将会在异步社区微信服务号中看到本书信息及相关的服务提示。

与我们联系

我们的联系邮箱是 contact@epubit.com.cn。

如果您对本书有任何疑问或建议，请您发邮件给我们，并请在邮件标题中注明本书书名，以便我们更高效地做出反馈。

如果您有兴趣出版图书、录制教学视频，或者参与图书翻译、技术审校等工作，可以发邮件给我们；有意出版图书的作者也可以到异步社区在线提交投稿（直接访问 www.epubit.com/selfpublish/submission 即可）。

如果您是学校、培训机构或企业，想批量购买本书或异步社区出版的其他图书，也可以发邮件给我们。

如果您在网上发现有针对异步社区出品图书的各种形式的盗版行为，包括对图书全部或部分内容的非授权传播，请您将怀疑有侵权行为的链接发邮件给我们。您的这一举动是对作者权益的保护，也是我们持续为您提供有价值的内容的动力之源。

关于异步社区和异步图书

"**异步社区**"是人民邮电出版社旗下 IT 专业图书社区，致力于出版精品 IT 技术图书和相关学习产品，为作译者提供优质出版服务。异步社区创办于 2015 年 8 月，提供大量精品 IT 技术图书和电子书，以及高品质技术文章和视频课程。更多详情请访问异步社区官网 https://www.epubit.com。

"**异步图书**"是由异步社区编辑团队策划出版的精品 IT 专业图书的品牌，依托于人民邮电出版社近 30 年的计算机图书出版积累和专业编辑团队，相关图书在封面上印有异步图书的 LOGO。异步图书的出版领域包括软件开发、大数据、AI、测试、前端、网络技术等。

异步社区

微信服务号

目录

第 1 章
如何充分利用本书

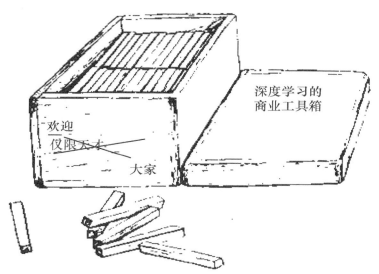

对知识的投资最终会得到最大的回报。

——本杰明·富兰克林

我希望读者可以花最少的时间从本书获得最大的收益。你可以通过输入示例、阅读参考资料和进行实验达到此目的。通过阅读大量的示例和参考资料，你将扩大知识面、加深感性认识并增强实践技能。

至少有其他两种方式来使用本书。你可以把它作为一个有用的参考工具。找到你感兴趣的章节，并快速查看在 R 中执行的计算结果。为了获得最佳效果，请输入文本中给出的代码示例，检查结果，然后将示例调整为你自己的数据。此外，浏览真实世界的例子、插图、案例、技巧和笔记来激发自己的灵感。这对于锻炼整体性思维非常有用，也可以作为相关示例、案例研究和文献的线索。

> ✍ **温馨提示**
> 如果你是 R 新手或者有一段时间没有使用它了，通过阅读 CRAN 网站非常棒的免费入门教程，相信你很快就会跟上进度。

1.1　软件包使用建议

如果文本中提及的软件包还未安装到你的计算机上，那么可以通过键入‘install.packages（“软件包名”）’来下载它。比如，为了下载名为 deeplearning 的软件包，可以在 R 控制台上输入如下内容：

```
install.packages(" neuralnet ")
```

一旦软件包安装成功，你就可以调用它。可以通过在 R 控制台中输入以下内容完成此操作：

```
require(neuralnet)
```

neuralnet 软件包现在就可以使用了。你只需在启动 R 会话时，输入上述内容即可。

> ✍ **温馨提示**
> 如果你采用的是 Windows 系统，那么可以使用 **installr** 软件包更新到最新的 R 语言版本。输入如下代码：
>
> ```
> install.packages("installr")
> installr::updateR()
> ```

1.2 高效使用函数

R 中的函数通常具有多个参数。在本书的示例中，我们主要关注快速模型开发的关键参数。有关函数中可用的附加参数信息，可以在 R 控制台中输入**?function_name.**。比如，为了找出函数 **prcomp** 中的其他参数，可以输入以下内容：

```
?prcomp
```

函数和其他参数的详细信息将显示在你的默认 Web 浏览器中。在拟合完感兴趣的模型后，强烈建议你尝试一下其他参数。

我还在本书的 R 示例代码中包含了 **set.seed** 方法，以帮助读者精确地重现页面上显示的结果。

R 软件系统适用于所有主流的操作系统。由于 Windows 系统非常流行，所以本书的示例将使用 Windows 环境下的 R 版本。

> ✍ **温馨提示**
>
> 无法记住两小时前输入的代码？别担心，我也记不住！假如你登录的是相同的 R 会话，那么只需简单地输入下列代码：
>
> ```
> history(Inf)
> ```
>
> 上述命令将显示当前会话中命令行的所有输入历史记录。

1.3 无需等待

你不必等到阅读完全书之后才将一些想法应用到自己的分析中，而是几乎可以立即切身体验到它们的强大功效。你可以直接阅读自己感兴趣的部分，并立即在自己的研究和分析工作中对它们进行测试、构建和使用。

> ✍ 温馨提示
>
> 在 32 位 Windows 机器上，R 能够使用的最大内存是 3GB，不管机器的实际内存是多少。使用如下代码可以检查可用内存的数量：
>
> ```
> memory.limit()
> ```
>
> 使用下列代码可以将所有对象从内存中移除：
>
> ```
> rm(list=ls())
> ```

1.3.1　勤于动手

如本书书名所示，本书是关于理解和使用深度学习模型的。更准确地说，本书试图为你提供通过 R 轻松地快速构建这些模型所需的工具。本书旨在为读者提供必要的工具来完成这项工作，并提供足够的插图来帮助读者在感兴趣的领域考虑真实的应用场景。我希望这个过程不仅有益而且令人愉快。

1.3.2　深度学习的价值

深度学习对于需要分类或预测的领域非常有用。任何对商业、工业或研究的预测和分类问题感兴趣的人，都应该将深度学习加入他们的工具箱。从本质上来说，只要拥有足够的历史数据或需要预测和分类的案例，就可以构建深度学习模型[1]。

1.4 参考资料

[1] 当你在自己的专业领域成功使用这些模型时，请写信告知我，我非常乐意听取你的意见。可通过 info@NigelDLewis.com 与我联系。

第 2 章
商业分析与神经网络

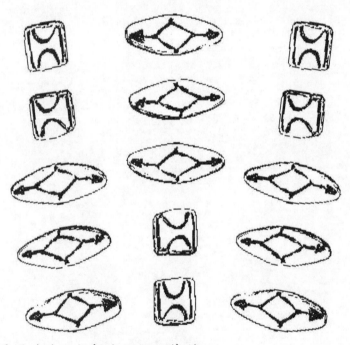

商业就是通过为人们解决问题而获利。

——保罗·马斯登

　　商业就是通过解决问题来满足需求而创造价值的行为。创建的价值可以是服务的形式，比如教育培训或者类似计算机屏幕这样的产品。及时支付超过服务或产品成本的报酬，对企业的盈利能力和长期生存至关重要。正如万豪国际集团的创始人 J.W.Marriott 所解释的那样[2]：

> "公司的核心使命——让背井离乡的人感到宾至如归，而且真正感受到温暖——将之作为一贯的宗旨和理想……这个目标明确地表明该公司的理想不仅仅是赚钱，还有更多根本的原因。当然，它也必须赚钱。伟大的公司会创造巨大的财富，但伟大的公司不会因追求利润而改变它们的初衷。"

监控盈利能力的一个重要方面是收集业务数据。对运营成本、收入和利润的记录自古以来一直保持不变。在古巴比伦，文书记录了这座城市的商业状况。他们仔细地注意到，一吨锡银可以买到多少大宗商品，如大麦、枣、芥菜、豆蔻、芝麻和羊毛。记录被刻在药片、棱柱、黏土或石膏柱、方尖碑上，甚至蚀刻在雄伟的宫殿和巨大的墙壁上[3]。图 2-1 显示了用于保存数字数据的巴比伦黏土片的图像[4]。今天，商业信息是以电子方式采集并存储到计算机数据库中的。

图 2-1　来自古巴比伦的被称为 Plimpton 322 的黏土片

2.1 数据价值创造周期

企业收集有关其自身活动、客户、竞争对手的数据，也许还会收集有关整体经济和监管环境的数据。如图 2-2 所示，可以成功"挖掘"这些数据的大部分内容，以提供可用于为客户创造额外价值并为业务创造利润的商业智能。

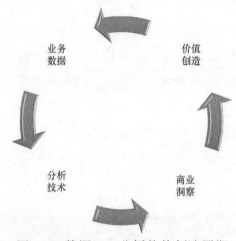

图 2-2 数据——分析价值创造周期

比如一家在电信市场参与竞争的企业，它将面临竞争对手试图争夺客户的激烈竞争。该企业收集了有关客户套餐的类型、本地和国际通话的数量和持续时长、客户拨打客服电话以及客户使用该企业通信服务的时间长度等数据。分析这些数据，有助于确定哪些客户会转移到其他服务提供商的可能性比较高。它可能有助于为最大限度地减少客户流失提供对策，或协助高级管理人员决定它们希望对哪些客户进行策略定位。这些见解有助于价值创造过程，从而产生更好、更以客户为中心的产品和更高的收益率。正如万豪集团的创始人 J.W.Marriott 在业务中观察到的那样：

"如果你希望产生一致的结果，你需要弄清楚如何去做，写下来，练习它，并不断改进，直到没有什么需要改进。"

机器学习，尤其是神经网络，越来越多地用于帮助企业实现这一过程的每一步，而且往往都取得了卓越的成功。

2.2　神经网络简介

在过去几十年里，神经网络自身已经确立了一套实用且科学的预测方法[5]。它们的出现大大改善了预测指标的准确性，并且神经网络训练方法的逐步完善对于商业和科学研究都是一种持续的促进[6]。1992 年春天，当我完成我的经济学硕士论文时，第一次接触它们。在查林街十字路口的一家旧书店里，我偶然发现了 Russell Beale 和 Tom Jackson[7]编写的一本名为《神经计算》的书。我一口气读完了这本书，并决定建立一个神经网络来预测汇率的变动。

在使用 GW-BASIC 编写程序的几天后，我的神经网络模型已经准备好进行测试。我启动了我的 Amstrad 2286 计算机，并让它对数据进行分解。三天半后，它交付了结果。这些数据结果与各种各样的时间序列统计模型相比较，超越了我所能找到的所有汇率变动的经济理论。我摒弃了经济理论，但却迷上了预测分析！自那时起，我就一直在建立、部署和训练神经网络以及其他奇妙的预测分析模型。

神经网络可以用来辅助解决各种各样的问题。这是因为从理论上来说，它们可以计算任何可以计算的功能。在实践中，神经网络对于能够容忍某些错误且包含大量可用的历史数据或示例数据的问题特别有用，但是难以应用于硬性规则和快速规则的问题。

什么是神经网络

神经网络由许多互相连接的节点构成，这些节点被称为神经元，如图 2-3 所示。它们通常会被排列成多层。一个典型的前馈神经网络至少包含一个输入层、一个隐藏层和一个输出层。输入层节点对应于你希望输入到神经网络中的特征或属性的数量，明确类似于在线性回归模型中使用的协变量（独立变量）。输出层节点的数量与你希望预测或分类的项目数量相对应。隐藏层节点通常用于对原始输入属性进行非线性变换。

它们的最简单形式是，前馈神经网络通过网络提供属性信息来进行预测，其输出对于回归是连续的，对于分类是离散的。

图 2-3 表示用于预测儿童年龄的典型前馈神经网络的拓扑结构。它有两个输入节点、一个包含三个节点的隐藏层以及一个输出节点。输入节点将属性（身高，体重）馈送到网络中。每个属性都有一个输入节点。信息被正向输送到隐藏层中。在其中的每个节点执行数学运算，然后被馈送到输出节点。输出节点计算此数据的加权总和来预测儿童年龄。它被称为前馈神经网络，因为信息在网络中是正向传播的。

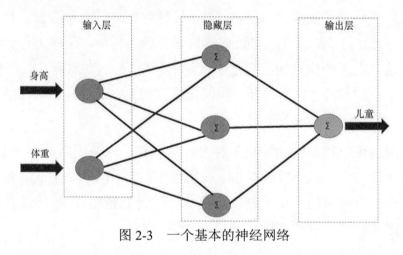

图 2-3 一个基本的神经网络

2.3 模式识别的本质

模式的精确预测依赖于每项业务的战略、战术和运营计划的核心。预测经常用于金融、市场营销以及产品和人力资源管理。成功的价值创造在于识别模式、设计解决方案以从模式中获利并重复这一过程。能坚持做好这一点的企业将能够取得长期的成功。

最简单的模式在识别和鉴定方面通常是线性和平滑非线性的。图 2-4 展示了汽车价格和制造年份之间的关系。

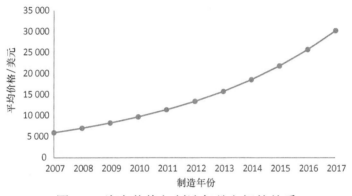

图 2-4 汽车价格与制造年份之间的关系

大部分情况下，即使分析诸如价格和单位销量这样常见的属性，它们之间的关系也是非常复杂的，如图 2-5 所示。该图显示了洗涤剂的单价和销售量之间的关系。从图中可知，2～2.25 美元的价格区间和 2.75～3 美元的价格区间存在扭结，是非线性的。

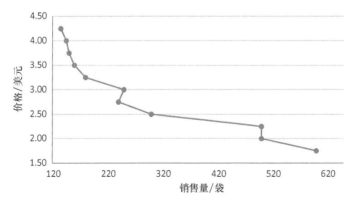

图 2-5 度假村出售的洗涤剂单价和销售量（每周）之间的关系

2.3.1 时序模式

模式也可以随时间发生变化。比如，图 2-6 展示了一家小披萨店的电话通话量。在工作日期间呈上升趋势，周末达到峰值。一般来说，随时间变化的数据称为时间序列数据。时间序列数据通常表现出随着时间的推移目标变量稳步增长（或减少）的趋势。季节模式围绕观察点［诸如一周内的工作日（如图 2-6 中的比萨店）、一年中的某月或一天中的某个时间段］为周期进行波动。时间序列数据也可能具有循环模式，其中观测值在很长一段时间内保持上升或下降趋势。

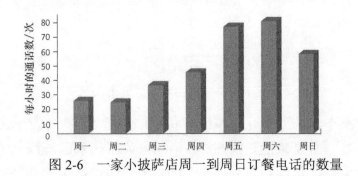

图 2-6　一家小披萨店周一到周日订餐电话的数量

图 2-7 是非常典型的时间序列业务数据，显示了美国新型独栋住宅的月销售量（见图 2-7a）以及澳大利亚的月度发电量（见图 2-7b）。图 2-8 将这

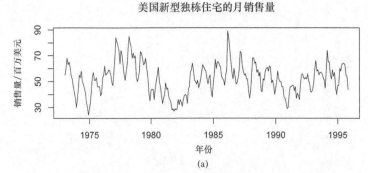

图 2-7　新型独栋住宅销售量和发电量的时间序列数据

澳大利亚的月度发电量

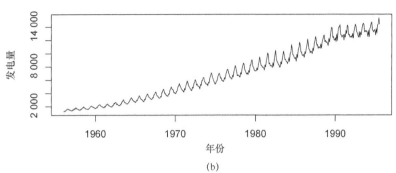

(b)

图 2-7 新型独栋住宅销售量和发电量的时间序列数据（续）

些时间序列分解成各自独立的部分。

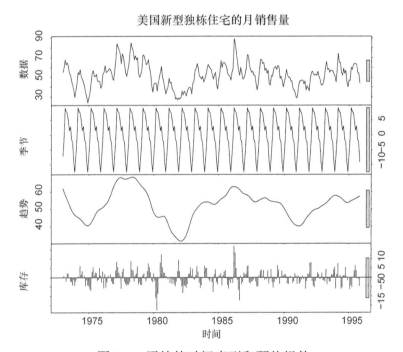

图 2-8 原始的时间序列和预估组件

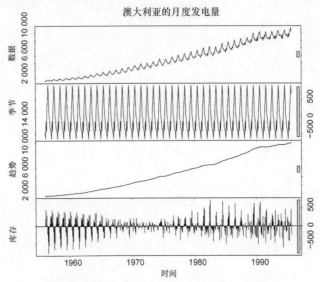

图 2-8　原始的时间序列和预估组件（续）

2.3.2　复杂的商业模式

商业模式往往是复杂的、多变量的，并且高度非线性。

（1）图 2-9 显示了 5 种洗涤剂品牌的价格分布。变量之间的总体多元关系并不容易从配对图中辨别出来。

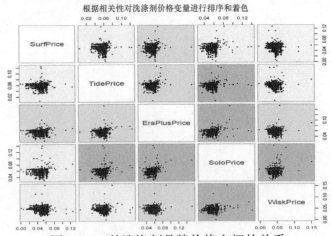

图 2-9　5 种洗涤剂品牌价格之间的关系

（2）图 2-10 显示了 1995～2012 年中国煤炭消费的总量[8]。虽然数据在时间上有所不同，但经纬度增加了解释相关性的另一个复杂因素。

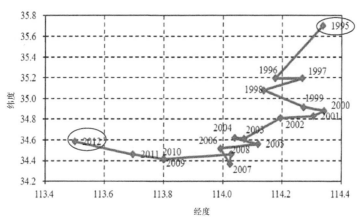

图 2-10　1995～2012 年中国境内根据经纬度统计得出的煤炭消费路径
（图片引用自孙玉环教授等的论文，详情可以参考参考资料[8]）

> ✎ **温馨提示**
> 深度神经网络会采用多层抽象，能够将表面上不相关的事物关联起来。它们可以通过复杂性来揭示有用的关系，并检测有效的决策规则。

2.4　属性、分类和回归

神经网络特别适合处理两种模式识别问题——回归和分类。一个有效的预测模型需要选择适当的属性。

2.4.1　属性

属性或特征是被认为具有解释力的变量。这仅仅意味着它们可以帮助提高预测的准确性。比如，消费品企业可能会将预估收入、性别和年龄作为属性，将其纳入模型中，以对潜在的优质产品购买者进行分类。获得高分的客户可能因此被定位并被投放特定广告。

2.4.2　回归

在回归中，其主要目标是预测或预估目标变量的值。比如，自行车租赁企业可能对预测其自行车的日常需求感兴趣。自行车路线上的商户可能也会对这类预测感兴趣。与天气预报（下雨、晴天、高温、寒冷）和工作日相关的属性可能是重要的预测变量。目标是通过预测模型整合这些属性，准确预测未来对自行车的需求。

> ✍ 温馨提示
>
> 回归的目标是使用一组属性变量（也称为预测变量或协变量）来预测因变量（也称为响应变量或目标变量）。

2.4.3　分类

在分类中，目标是将对象分配给特定的类。比如，一家媒体企业可能对文章和故事的潜在受欢迎程度的分类感兴趣。大家都喜欢的故事有可能转发量更大。在这种情况下，媒体企业可能会创建两个类别（高转发量和低转发量），目标是预测新文章的可能类别。

图 2-11 进一步阐释了这个示例。一篇文章在媒体频道即将发布，发布日期和文章关键词将被馈入神经网络。预测结果是文章受欢迎度程度的高低。

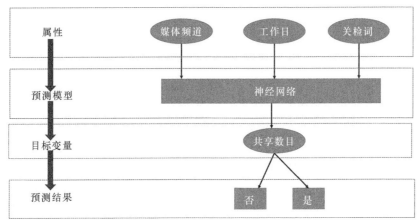

图 2-11 属性、预测模型和分类结果之间的关系

2.5 参考资料

[2] J. W.的书非常棒，其书名为《服务精神：万豪之道》（The Spirit to Serve: Marriott's Way），约翰·威拉德和凯思·安·布朗著，哈伯·柯林斯出版社，2000 年出版。

[3] 关于古代记录的精彩描述，可参阅布雷斯特和詹姆斯·亨利编著的《古代埃及记录：第 20 到 26 王朝（卷 4）》（Ancient Records of Egypt: The twentieth to the twenty-sixth dynasties, Vol. 4），芝加哥大学出版社，1906 年出版。

[4] Plimpton 322 黏土片的图片包含一个古巴比伦数学的示例。

[5] 可以追溯到 20 世纪 40 年代的历史概述，可以在 Yadav、Neha、Anupam Yadav 和 Manoj Kumar 的书中找到，书名为《微分方程的神经网络方法介绍》（An Introduction to Neural Network Methods for Differential Equations），施普林格荷兰出版社，2015 年出版。

[6] 关于早期在企业中使用神经网络的综述，可以参考 Vellido、Alfredo、

Paulo JG Lisboa 和 J. Vaughan 的论文《Neural networks in business: a survey of applications（1992–1998）》。

[7]　由 Beale、Russell 和 Tom Jackson 编写的《神经网络计算介绍》（Neural Computing—an introduction），CRC 出版社，1990 年出版。

[8]　详情可以参考孙玉环教授等在《Sustainability》发表的论文《Dynamic Factor Analysis of Trends in Temporal–Spatial Patterns of China's Coal Consumption》。

第 3 章
商业中的深度学习

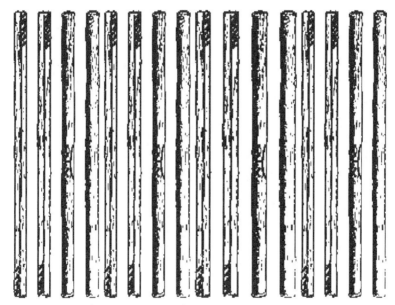

没有任何一台计算机可以打败我。

——加里·卡斯帕罗夫

我将要让读者扫兴了。尽管所有的数据表、数据库和企业报表都在管理者的办公桌上，并且是这些组织维持着整个社会的运转——这些企业、机构、学校和医院通过各种方式为我们提供服务——传统的商业智能被用来告知高级管理人员在哪里开展业务。虽然了解企业如何诞生很有趣，而且情报丰富，但是大多数管理人员希望知道企业未来的路该如何走。

深度学习是前瞻性预测分析工具的一种，可以用于此类场景。它可以做出前瞻性预测以帮助用户制定运营策略和战略行动计划。总之，它可以帮助企业更好地运转。

3.1　古典游戏让深度学习大放异彩

在取得一些令人瞩目的成功之后，深度学习受到大众的热烈追捧。在 2016 年初，传奇围棋选手李世石和这种热门对抗游戏的新手展开了一场备受期待的系列赛。

围棋是一种 2500 年前发源于中国的棋盘游戏。这是一种比国际象棋更复杂的策略游戏，并且全球有 75 个国家热衷于此运动。

自 2002 年以来，众多世界比赛冠军头衔的获得者李世石九段面临着一个看不见的敌人——谷歌公司在伦敦的 Deep-Mind 团队开发的 AlphaGo。目前还不清楚李世石在比赛前对他的对手的情况了解多少；也许他能够从科普作家马修布拉加于两年前发表的关于围棋的讲话中得到一些安慰：

> "围棋是计算机智能尚未完全掌握的少数几款游戏之一——该游戏包含的走法之多，让很多程序员望而却步。"

但是在数据科学领域，24 个月是很长的一段时间了。谷歌的深度学习算法可以击败最优秀的计算机竞争对手，即使让 4 子也是如此。仅仅在几个月前，AlphaGo 就以 5∶0 击败了欧洲冠军范辉。现在它将面对传奇人物——李世石。在最后一枚棋子落下之前，胜负已经很明显了。法国的流行媒体 CAUSER 刊文惊呼 "Le jour où Lee Sedol a eu honte"。这位备受瞩目的围棋九段冠军为他受到数学算法的无情虐待而辩解说：

"……我应该在比赛中表现更好一些的，并且我对因不能达到大家的期望而感到抱歉。我感到有些无能为力。"

李世石只是另外一名在人机对战中被广泛宣传的棋手，人机对战的影响甚至超越了约翰·亨利与代表新技术的蒸汽机之间的比赛。虽然约翰·亨利和蒸汽机之间的比赛没有什么规则限制，在击败机器之后不久，他就去世了。随着铁路在整个美利坚合众国不断铺设，蒸汽机成为了一种重要的工程设备。深度学习之于李世石就像蒸汽机之于约翰·亨利。

3.2　还有谁希望快速地了解深度学习的强大

深度学习模型的强大之处，在于使用适量的并行非线性步骤对复杂关系进行分类和预测的能力[9]。深度学习模型根据输入的原始数据和数据的实际分类，学习输入的数据特征层次结构。每个隐藏层从上一层的输出结果中提取特征。本书中讨论的深度学习模型是具有多个隐藏层的神经网络。如图 3-1 所示，最简单的深度神经网络至少包含两层隐藏神经元，其中每个附加层将来自前一层的输出作为输入处理[10]。

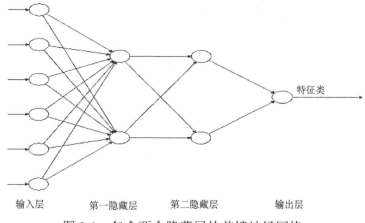

图 3-1　包含两个隐藏层的前馈神经网络

其他流行的预测分析方法，比如决策树、随机森林和支持向量机，虽然功能强大[11]，但并不深入。决策树和随机森林在处理原始的数据时，无法进行变换并且不能生成新的特征。而支持向量机被认为不够深入，因为它们只包含一个内核和一个线性变换。同样，包含单一隐藏层的神经网络也不被当作深度神经网络，因为它们只包含一个隐藏层[12]。

> ✍ 温馨提示
>
> 多层深度神经网络包含许多非线性级别，这使得它们可以很好地表示高度非线性或高度变化的函数。它们擅长识别数据中的复杂模式，并已经应用到改进计算机视觉和自然语言处理方面的工作，以及解决非结构化数据难题。

虽然媒体倾向于将重点放在人机大战或前沿应用方面的报道，但数据科学家正在使用深度学习来解决实际的商业问题。无论大型还是小型的企业都向它张开了怀抱。

该技术的商业化应用主要集中在医疗保健、医学图像处理、自然语言处理和通过相应比例提高商业广告点击率等方面，它甚至可以用于生成手写文字。图 3-2 中的文字就是采用这种技术生成的[13]。微软、谷歌、IBM、雅虎、Twitter、百度、Paypal 和 Facebook 等企业都是深度学习应用领域的大玩家。这是数据科学领域激动人心的时代，正如一位深度学习学者所言[14]：

图 3-2　由深度学习工具生成的手写文字

几十年后，一台廉价计算机的计算能力就可以和所有人类大脑相媲美——而且所有东西都会被改变；人类文明的方方面面都将受到影响和改变。

深度学习技术被用于解决商业、政府、经济学，甚至从考古学到动物学等科学领域的实际问题[15]。正如一位观察员提到的[16]：

"深度学习网络是神经网络的革命性发展，并且已经有事实证明它们可以用来创造更强大的预测机器。"

3.3 改进价值创造链

保持或增加市场份额需要企业尽可能多地了解它们的生产流程、客户和产品。深度学习已经成为迄今为止采用人工智能技术创建系统来解决实际商业问题的最有效方法之一。它为大数据时代提供了新的视角，使企业能够做出更明智的业务决策。通过捕获和分析这些数据，企业不仅可以进一步加深对自身业务的了解，而且对客户和竞争对手也能获得更多的信息。更好的数据分析功能，可以帮助企业优化价值链中的所有内容——从销售到订单交付，再到推出营销活动的最佳时间。简而言之，它使得企业能够不断改进产品和服务，并调整业务以满足客户的实际需求和竞争环境的需要。

✍ **温馨提示**

例如，像英特尔这样的公司正在开发深度学习加速器硬件主板，这是一种旨在提高深度学习模型性能的计算机芯片。这是一个市场，其中 Nervana Systems 已经通过其 Cuda 软件取得了重大进展。将更多强大的计算硬件应用于大数据分析，有助于企业验证、辨别并响应不断变化的客户偏好。它将帮助业务专业人员收集和分析他们所需的数据，以提高性能和生产力。

3.4   如何进行智能化营销

市场营销面临的挑战,是在潜在购买者的脑海中保持产品和服务的可见性。对营销策略的轻微修改都可能对净利润产生深远影响。随着互联网的迅猛发展,越来越多的人开始阅读和分享在线报道和文章。据报道,超过一半的社交媒体用户在社交媒体上追捧他们喜爱的品牌,并且企业也逐步增大它们在社交媒体上的广告支出。每年在社交网站上的全球广告营销支出超过40 亿美元[17]。

打造人们希望的商店,是一种吸引潜在客户并维持"心理份额"的方法。一篇文章被转发的次数表明了它受欢迎的程度。参与的受众越多,也意味着更高的页面点击率和阅读文章的时间,所有这些都会导致曝光更多的潜在广告、更多的心理份额和更高的收入。

图 3-3 展示了 10 篇在线新闻的转发数量。转发分享的中位数是 783 次,

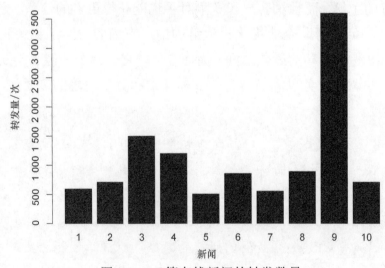

图 3-3   10 篇在线新闻的转发数量

其中最少的转发数是 505 次。第 9 篇新闻报道似乎非常受欢迎，转发次数达到 3 000 以上。假如能够预测将来类似第 9 篇新闻这样的文章将受到大众的追捧，那么广告和营销的潜力是非常巨大的。当然，影响财务业绩的因素有很多。但是，预测哪些文章或故事可能会受到大家的喜爱和转发的能力可以发挥至关重要的作用。

深度学习可以帮助用户确定未来新闻文章的流行度，这可能使得企业能够对市场中的客户进行细分定义以更好地制作宣传内容，比如住所、年龄段，甚至电子邮件、短信和语音留言等传播渠道。我们将在第 7 章深入探讨这个想法。

3.5 客户流失——以及如何增加利润的小技巧

严苛的竞争环境中，获得客户的相关成本是非常高的。保持和增加市场份额需要企业尽可能多地了解它们的客户，不断改进产品和服务的品质，并最大限度地减少客户流失。客户流失是指客户离开当前的企业并转移到提供相同产品或服务的其他企业。客户在价格、服务和信号强度等需求的复杂组合中在移动运营商之间不断转换非常普遍。

对于任何企业来说，都存在客户流失的问题，因为获得新客户的成本比留住既有客户的成本高出许多倍。深度学习可以用来预测哪些客户即将离开，以便企业可以针对他们进行一些挽留客户的努力。我们将在第 8 章详细讨论这个问题。

3.6 挖掘预测产品需求过程中隐藏的商机

基于对当前和过去数据的研究成果，使用神经网络预测未来趋势，曾经被认为是盯着水晶球进行预测的迷信。今天，神经网络和商业决策几乎唇齿相依。

　　具有讽刺意味的是,它们被媒体视为神话故事中预测水晶球的科学等价物。虽然这有点矫枉过正,不过深度学习的分析技术为寻求将焦点从后视镜方法转移到前瞻性方法(特别是围绕客户需求方面)的企业提供了一条可行之路。

　　很多情况下,客户需求将随环境因素的改变而发生变化。比如,城市共享计划中自行车租赁的需求可能会随天气、工作日和自行车租赁所在地发生的事件等因素而发生变化。保证提供适当的自行车数量可能是一个挑战。图3-4 展示了华盛顿特区自行车租赁系统的每日和每月租赁需求。每日的需求变化很大,但月度需求则呈上升趋势。

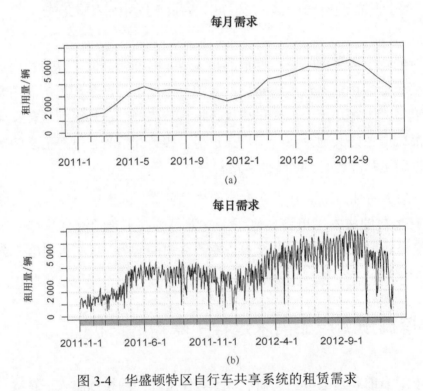

图 3-4　华盛顿特区自行车共享系统的租赁需求

　　自行车管理本质上是一个库存管理问题。这是库存的分配和替代过程。

无可否认，几乎所有企业为此制定了一个计划。在最粗略的水平上，它可能是基于每月需求的涨落和流量制定的，如图 3-4a 所示。

当发现产品需求呈上升趋势时，增加可用于租赁的自行车数量。但是，从图 3-4b 可以看出，需求的每日波动可能非常大。通过利用深度学习预测潜在的日常需求，自行车租赁运营商可以更细化地调整自行车的供应。我们将在第 9 章详细讨论这个问题。

> ✍ **温馨提示**
>
> 英国超市连锁店 Sainsbury's 始终处于领先地位。Sainsbury's 是欧洲第一家在每家超市安装自助结账的零售商。它使用优势分析来预测最终可能由特定客户在结账时兑换的实时优惠。"Till at Till" 计划会在结账时为常客购买的商品提供会员卡优惠券。

3.7 参考资料

[9] 同样，深层架构可能比浅层网络更有效（就拟合参数而言）。比如可以参考 Y. Bengio 和 Y. LeCun 等的文章《Scaling learning algorithms towards ai》。

[10] 参见以下两篇文章：

- G. E. Hinton、S. Osindero 和 Y. Teh 的《A fast learning algorithm for deep belief nets》；

- Y. Bengio 的《Learning deep architectures for AI》。

[11] 如果希望了解 R 语言在其他科学技术中的应用，可以在网上找到《92 Applied Predictive Modeling Techniques in R》这篇文章。

[12] 希望进一步了解使用 R 构建神经网络的细节，可以从网上获取《Build Your Own Neural Network TODAY!》一书相关的内容。

[13] 为了了解它的工作机制，可以参考 Graves 和 Alex 的论文《Generating sequences with recurrent neural networks》。

[14] Jürgen Schmidhuber 教授引用自 Ian Allison 在《International Business Times》上发表的文章《What are AI neural networks and how are they applied to financial markets?》。

[15] 有关神经网络商业应用的列表，可以参考 Wong 等的文章。这篇文章是 10 年前写的，但是它提供了一个很好的深度神经网络热门应用领域的清单。参见 Wong、K. Bo、Vincent S. Lai 和 Lam Jolie 的《A bibliography of neural network business applications research: 1994–1998》。

[16] 参见 Spencer、Matt、Jesse Eickholt 和 Jianlin Cheng 的文章《A Deep Learning Network Approach to ab initio Protein Secondary Structure Prediction》。

[17] 详情可以参见 De Vries、Lisette、Sonja Gensler 和 Peter SH Leeflang 的文章《Popularity of brand posts on brand fan pages: An investigation of the effects of social media marketing》。

第4章
神经元和激活函数

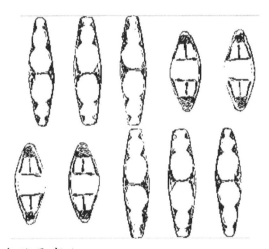

我们公司的业务就是商业。

——唐纳德·胡思佩斯

神经网络的本意是用于模拟人类大脑的生理结构和功能。大脑的基本计算单位是神经元，神经系统中大约有 860 亿个神经元通过树突连接在一起。图 4-1 说明了生物神经元的工作原理。生物神经元通过电信号将信号或信息传递给对方。相邻的神经元通过它们的树突来接收这些信号。信息从树突流向主细胞体，即体细胞，并在那里集结。如果最终集结的数量超过一定阈值，神经元可以启动，沿着轴突向轴突末端发送一个尖峰信号。本质上来说，生物神经元是在各种生理功能之间传递消息的计算机。

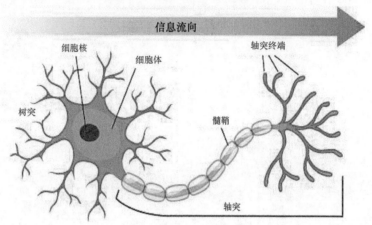

图 4-1 生物神经元（图片来自亚利桑那大学官方网站中"询问生物学家"）

4.1 人工神经元简介

人工神经网络的核心是一个数学节点，单元或神经元。它是基本的处理元素。输入层神经元接收信息并通过数学函数对它们进行处理，然后将结果分配给隐藏层神经元。该信息由隐藏层神经元处理并传递给输出层神经元。

图 4-2 说明了生物神经元和人工神经元的基本构造。

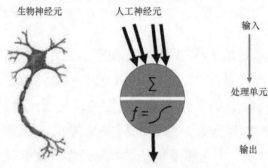

图 4-2 生物神经元和人工神经元

这里的关键是通过激活函数来处理信息。每个激活函数模拟大脑神经元，因为它们被触发与否不依赖于输入信号的强度。处理后的结果被加权并分配给下一层中的神经元。本质上来说，神经元之间是通过加权汇总相互激活的。这确保了两个神经元之间连接的强度是根据被处理信息的权重确定的。

✍ **温馨提示**

虽然复制人类神经元的愿望从未完全实现[18]，但人们很快发现人工神经元在分类和预测任务方面表现相当不错[19]。

4.2 激活函数

每个神经元都包含一个激活函数（见图 4-3）和一个阈值。阈值是输入信息激活神经元所必需的最小值。激活函数被执行并将结果输出到网络中的下一个神经元。

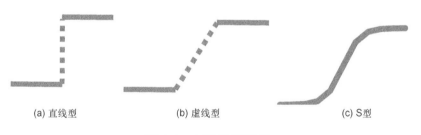

(a) 直线型   (b) 虚线型   (c) S型

图 4-3　3 种激活函数

激活函数被设计为限制神经元的输出，取值通常在 0~1 或者-1~1。大部分情况下，网络中的每个神经元会使用相同的激活函数。几乎任何非线性函数都能完成这项工作，但对于随机梯度下降算法，它必须是可微分的，并且如果函数是有界的，那么将有所帮助。

神经元的任务是执行输入信号的加权求和并在将输出结果传递给下一

层之前应用激活函数。所以，我们会看到输入层将数据传递给第一个隐藏层。隐藏层神经元对从输入层神经元传递给它们的信息进行求和，然后输出层神经元对从隐藏层神经元传递给它们的加权信息进行求和。

> ✍ 温馨提示
>
> 用于隐藏层节点的激活函数需要能够将非线性引入网络。

4.3 简化数学计算

图 4-4 说明了单个神经元的工作机制。给定输入属性的一个样本 $\{x_1, \cdots, x_n\}$、一个将每个神经元中连接关联起来的权重 w_{ij}，然后神经元根据下列公式对所有输入求和：

$$f(u) = \sum_{i=1}^{n} w_{ij} x_j + b_j$$

参数 b_j 被称为偏差，它与线性回归模型中的截距类似，它允许网络"向上"或"向下"切换激活函数。这种类型的灵活性对于成功的机器学习来说非常重要[20]。神经网络的大小通常是通过需要估计的参数数量来衡量的。图 2-3 中的网络具有 [2　3] + [3　1] = 9 的权重和 3 + 1 = 4 的偏差，总计有

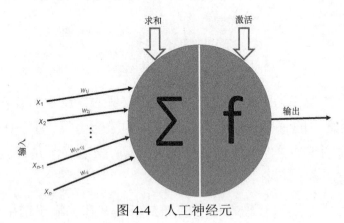

图 4-4　人工神经元

13 个可学习的参数。这相对于传统的统计模型来说参数数量是比较大的。一般来说，你需要估计的参数越多，数值可靠性的要求也就越高。

✎ 温馨提示

好的工业深度学习神经网络是使用大量数据构建的，可以有超过 1 亿个参数。

4.4　S型激活函数简介

S 型（或逻辑）函数是处理二元分类问题比较流行的选择。它是一个 S 型可微分的激活函数。如图 4-5 所示，参数 c 的取值是一个常量 1.5。S 型函数接收一个实数并将其"压缩"到 0~1 之间的范围内。特别情况下，大的负数变成 0，大的正数变成 1。它受到欢迎的部分原因是因为函数的输出可以被解释为人工神经元"发射"的概率。它由以下公式得出结果：

$$f(u) = \frac{1}{1 + \exp(-cu)}$$

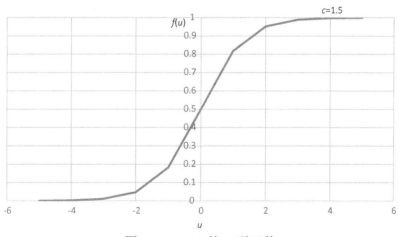

图 4-5　c=1.5 的 S 型函数

计算成本

S 型函数在基本的神经网络中被广泛采用的部分原因是它可以方便地被区分，并且在训练学习过程中减少计算成本。事实证明如下[21]：

$$\frac{\partial f(u)}{\partial u} = f(u)(1 - f(u))$$

所以，我们看到导数 $\frac{\partial f(u)}{\partial u}$ 就是对数函数 $f(u)$ 乘以 1 减去 $f(u)$。该导数用于通过随机梯度下降算法来学习权重向量。关键要知道的是，由于这个性质，S 型函数变得非常易于计算神经网络学习中使用的梯度。

> ✍ 温馨提示
>
> 为了进行梯度下降，激活函数需要是可微分的。

4.5　参考资料

[18] 部分原因是人工神经网络可能有几十到几百个神经元。相比之下，人类的神经系统被认为至少有 3×10^{10} 个神经元。

[19] 当我们谈论神经网络时，实际上我们应该说"人工神经网络"，因为一般情况下我们的意思就是如此。生物神经网络的元素结构要比人工神经网络中采用的数学模型复杂得多。

[20] 这是因为一个多层感知器，比如一个一阶激活函数和 n 个输入共同定义了一个 n 维空间。在这样的网络中，任何给定节点都会创建一个独立的超平面，在一侧产生一个"开"输出，在另一侧产生一个"关"输出。权重决定了超平面在输入空间的位置。没有偏移量时，这个独立的超平面就被限制穿过由输入定义的空间原点。这在很多情况下将限制神经网络的学习能

力。设想一个线性回归模型，其中截距固定为 0，你将能够想象得到是什么结果。

[21] 使用微积分中的链式法则。

第5章
神经网络的学习机制

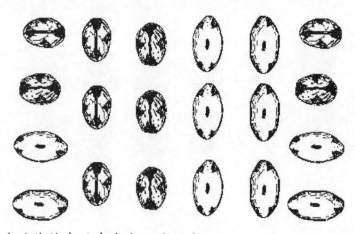

一个创意的价值在于有多少人使用它。

——托马斯·爱迪生

一个神经网络算法尝试让误差函数的值最小化。误差函数会测量预计输出和实际输出之间的差异。

较小的误差表示预测值更接近实际值。最终目标是尽可能缩小这种误差。

我们对神经网络感兴趣的地方在于它学习预测分类和预测规则的能力。

为了从数据中学习,神经网络会采用特定的学习算法。有很多学习算法,但是一般来说,它们都是通过迭代修改连接权重和偏差来训练网络,直到网络产生的输出与期望输出之间的误差降到指定阈值以下。

成功地学习一种分类或预测规则,会导致由神经元之间的连接权重编码的决策规则产生较小的误差。一个好的决策规则是通用的,也就是说,它适用于以前未见过的新数据。

5.1 反向传播算法简介

反向传播算法是一种比较流行的学习算法,并且现在仍然被广泛采用。它使用渐变下降作为核心学习机制。从计算随机权重开始,反向传播算法计算网络权重,做出一些小的变化,并逐渐根据网络产生的结果与预期结果之间的误差进行相应调整。

该算法会应用从输出到输入的误差传播,并逐渐微调网络权重以最小化误差总和。神经网络的学习周期如图 5-1 所示。经过这个学习过程的每个周期称为一个世代。

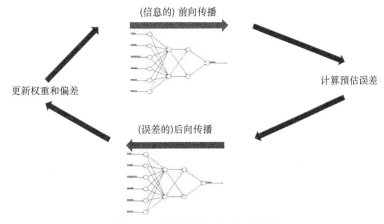

图 5-1　神经网络的学习周期

> ✍ 温馨提示
>
> 由于误差通过网络向后传播（从输出到输入属性）以调整权重和偏差，因此该方法称为反向传播。

5.2　基本算法的工作原理

对于任意给定的输入数据集和神经网络权重，都有一个相关的误差量，它是由误差函数（也称为成本函数）测量的。这是我们衡量神经网络对于分别给定训练样本和预期输出相比"有多好"的方法。其目标是找到一组权重，以最大限度地减少网络输出与实际目标值之间的差异。

基本的神经网络学习方法是计算给定样本的神经网络输出的误差，并在网络中向后传播误差，同时更新权重向量以尝试减小误差。该算法由以下步骤组成。

- **步骤 1：初始化网络**。首先需要确定权重的初始值。神经网络通常采用随机权重进行初始化。

- **步骤 2：前馈**。信息在网络中通过节点的激活函数和权重，从输入层传递到隐藏层和输出层。激活函数（一般情况下）是节点输入的加权之和的 S 型函数（即上下界，但是可微分）。

- **步骤 3：误差评估**。评估误差是否足够满足要求或迭代次数是否达到预定限制。如果满足任一条件，则训练结束，否则迭代学习过程继续。

- **步骤 4：传播**。输出层的误差用于重新修改权重。该算法通过网络向后传播误差，并计算权重值变化相对于误差值变化的梯度。

- **步骤 5：校正**。通过梯度渐变调整权重，以减少误差。每个神经元的权重和误差都是根据激活函数的导数、网络输出和实际目标结果以及神经元输出之间的差异来调整的。经历的整个过程就是网络的"学习"。

> ✍ **温馨提示**
> 通过将随机值设置为权重和偏差来初始化神经网络。一条经验法则是将随机值设置在范围-2n~2n中，其中n是输入属性的数量。

5.3 关于渐变下降

梯度渐变是神经网络中最流行的优化算法之一。一般来说，我们希望通过最小化误差函数来找到权重和误差。梯度渐变算法通过迭代更新参数以最小化整个网络的误差。

它将迭代地更新损失函数梯度方向上的权重参数，直到达到一个最小值。

换句话说，我们沿着损失函数的斜坡向下，直到我们抵达谷底。其基本思想大致如图 5-2 所示。如果偏导数为负，则权重增加（见图 5-2a）；如果

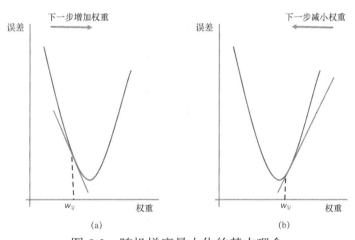

图 5-2   随机梯度最小化的基本理念

偏导数为正，则权重减小（见图 5-2b）[22]。该参数也称为学习比率（后续章节将详细讨论这一概念），它决定了达到最小值的所需步骤的数量。

5.4　误差面简介

有多种用于训练神经网络的误差函数，最常见的是用于处理回归任务的均方误差（Mean Square Error，MSE）。均方误差是通过将所有观测目标（y）和预测值（$\hat{y}*$）之差的平方求和，然后除以测试样本数（n）而得出的：

$$MSE = \frac{1}{n}\sum_{i=1}^{n}(\hat{y}_i - y_i)^2$$

从本质上来说，它测量的是观测目标值和预测值之间误差平方的平均值。MSE 越小，预测值越接近观测目标值。

5.4.1　均方根误差

由于 MSE 是以目标的平方单位进行测量，通常也将该值的平方根称为均方根误差（Root Mean Squared Error，RMSE）：

$$RMSE = \sqrt{MSE}$$

RMSE 可以理解为预测值和观测值之间的平均距离，以目标变量的单位进行测量。

5.4.2　局部极小值

为了生成最优解决方案，神经网络模型具有很多必须找到其值的权重参数。作为输出的输入函数可能是高度非线性的，这使得优化过程变得非常复杂。寻找避免出现局部最小值的全局最优解是一个挑战，因为误差函数一般既不是凸的也不是凹的。这意味着所有二阶偏导数的矩阵（通常称为黑塞矩阵）既不是正定矩阵也不是负定矩阵。这种观察的实际结果是神经网络可能陷入追求局部最小值的泥潭中，并且这取决于误差曲面的形状。

为了使它与一元函数的情形类似，我们注意到 $\sin(x)$ 函数既不是凸的也不是凹的，它具有无限多的最大值和最小值，如图 5-3a 所示。如图 5-3b 所示，x^2 只有一个最小值，$-x^2$ 只有一个最大值。这种观察的实际结果是，根据误差面的形状，神经网络可能陷入追求局部最小值的僵局。

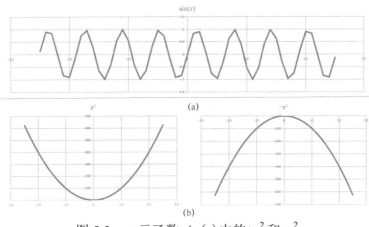

图 5-3 一元函数 $\sin(x)$ 中的 $+x^2$ 和 $-x^2$

如果将神经网络的误差绘制成权重的函数，可能会看到许多具有局部最小值并且非常粗糙的曲面，如图 5-4 所示。它可能会有很多波峰和波谷，可能在某些方向上高度弯曲，而在其他方向则是平坦的。这使得优化过程变得非常复杂。图 5-5 演示了一个这种情况下高度简化的图片，它只表示单个权重值（在横轴上）。

反向传播也可能存在局部优化的问题，特别是如果它从局部最小值附近的波谷开始搜索。已经出现了一种用来避免局部最小值的方法。为了避免网络陷入追求局部最小值的僵局，经常设定特定参数（后续章节将详细讨论该问题）。

另外一个简单的解决方案是尝试多个随机起点并使用其中最有价值的。

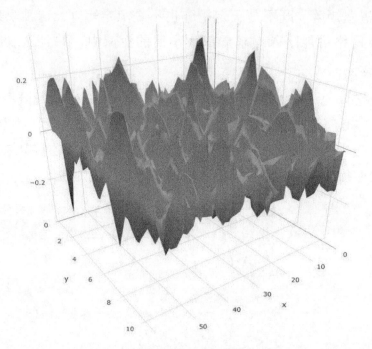

图 5-4   典型优化问题的复杂误差曲面

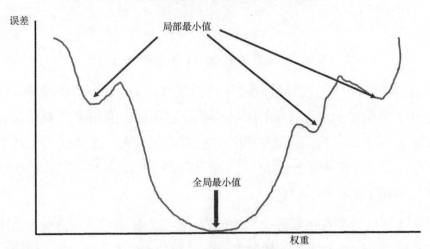

图 5-5   误差和网络权重

> ✍ 温馨提示
>
> 使用梯度下降的反向传播通常会非常缓慢地收敛或根本不收敛。在我的第一个包含微小数据集的编码神经网络中，我使用了反向传播算法。它花了3 天时间才收敛到解决方案。幸运的是，已经开发出了许多适应特性来加速该过程。

5.5 关于随机梯度下降的注意事项

在传统的梯度下降算法中，可以使用整个数据集来计算每次迭代的梯度。对于大型数据集，这会导致冗余计算，因为每次更新参数之前要重新计算类似样本的梯度。随机梯度下降（Stochastic Gradient Descent，SGD）是真实梯度的近似计算。在每次迭代中，它随机选择一个样本来更新参数并相对于该样本在梯度方向上移动，因此它遵循一个混乱的梯度路径到达最小值。部分原因是由于它缺乏冗余，通常比传统的梯度下降更快地得出一个解决方案。

> ✍ 温馨提示
>
> 随机梯度下降一个相当不错的理论性质是，如果损失函数是凸的，则可保证找到全局最小值[23]。

5.6 参考资料

[22] 有关的详细数学解释，可参考 R. Rojas 编写的《神经网络》（Neural Networks），施普林格出版社，1996 年出版。

[23] 在培训期间的学习速度缓慢下降，SGD 具有与传统梯度下降相同的收敛行为。在概率学中，它几乎可以肯定地收敛到用于凸或非凸优化的局部或全局最小值。

第 6 章
深度神经网络简介

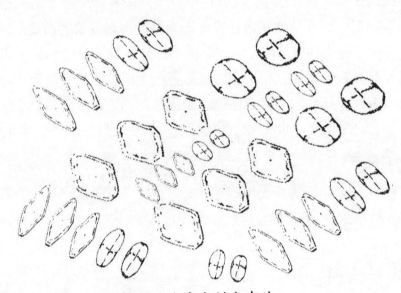

它和创意无关，只和想方设法产生创意有关。

——斯科特·贝尔斯凯

深度神经网络（Deep Neural Network，DNN）由一个输入层、一个输出层和多个隐藏层组成。如图 3-1 所示，隐藏层连接到输入层，它们组合并加权输入值以产生新的实际数值，然后将其传递到输出层。输出层使用隐藏层中计算的值进行分类或预测决策。

与单层神经网络类似，在学习过程中，各层之间的连接权重被更新使得输出值尽可能接近预期输出结果。记者 Robin Wigglesworth 曾在《金融时报》上撰文指出[24]：

"简而言之，深度学习建立在 20 世纪 90 年代诞生的神经网络之上，一台计算机使用人工神经网络矩阵来扫描信息，查找其中的模式并做出决策，就像人类大脑的运作方式一样，并且速度非常快。"

6.1 关于精确预测的常识

精确预测需要使用公式来计算预测结果的数量。以回归为例，预测变量（y）被假定为输入属性（x_1, x_2）的线性函数：

$$y = \alpha + \beta_1 x_1 + \beta_2 x_2 + \varepsilon$$

目标是最小化误差项 ε。不过，如前所述，预测值和输入属性之间的关系通常很复杂或者是未知的。虽然这对于传统统计模型是一种障碍，但它不会对神经网络产生类似的影响。这是因为研究人员发现一个隐藏层足以模拟任何分段连续函数。下列理论就是这一发现的成果[25]。

Hornik 定理：假定 F 是 n 维空间上有界子集上的连续函数，那么存在一个双层神经网络 $\hat{F}$，其中包含有限数量隐藏单元来近似任意函数 F。即对于 F 定义域中的所有 x，$|F(x) - \hat{F}(x) < \varepsilon|$。

这只表明对于任何连续函数 F 和通过 ε 测量的误差容限，可以建立一个神经网络，其中包含一个可以计算 F 的隐藏层。这至少在理论上说明，对于很多问题，一个隐藏层就足够了。

当然，实际情况可能稍有不同。首先，现实世界中的决策函数可能不是连续的，该定理并没有指定所需隐藏神经元的数量。但是看上去对于很多实际问题，多个隐藏层对于精确分类和预测是必需的。但是，如果你感兴趣的决策规则可以通过复杂函数进行数学建模，那么可以使用 DNN。

6.1.1 如何使用 R 构建一个深度神经网络

下列使用 R 构建一个 DNN 来近似某个函数。首先，我们需要加载所需的软件包。在这个示例中，我们将使用 neuralnet 包：

```
library("neuralnet")
```

我们将建立一个 DNN 来近似函数 $y = x^2$。首先创建一个属性变量 x 和响应变量 y。

```
set.seed(2016)
attribute<-as.data.frame(sample(seq(-2,2,
    length=50),50,replace=FALSE),ncol=1)
response<-attribute^2
```

下面逐行分析这些代码。首先 set.seed 方法用于确保可重现性。该语句生成了在-2~2 区间的 50 个不重复的样本观测值。其结果被存储到 R 对象 attribute 中。第三条语句使用存储在 R 对象 response 中的结果来计算 $y = x^2$。

接下来将 attribute 和 response 对象整合到一个名为 data 的数据帧中。这使得事情变得简单，当使用 R 编写代码时，这会是一个好习惯：

```
data<-cbind(attribute,response)
colnames(data)<-c("attribute","response")
```

6.1.1.1 校验数字

经常查看数据是一个非常好的习惯，所以我们先看看 data 中前 10 个观测值：

```
head(data,10)
      attribute    response
```

```
 1    -1.2653061    1.60099958
 2    -1.4285714    2.04081633
 3     1.2653061    1.60099958
 4    -1.5102041    2.28071637
 5    -0.2857143    0.08163265
 6    -1.5918367    2.53394419
 7     0.2040816    0.04164931
 8     1.1020408    1.21449396
 9    -2.0000000    4.00000000
10    -1.8367347    3.37359434
```

上述数字与预期一致，其中的 response 值等于 attribute 值的平方。模拟数据的可视化图形如图 6-1 所示。

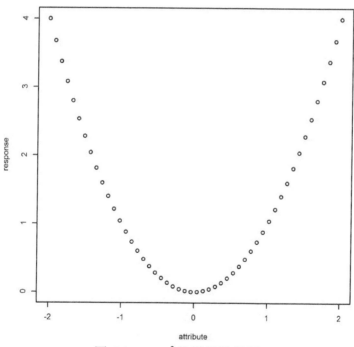

图 6-1　$y = x^2$ 的模拟数据图

6.1.1.2 拟合模型

我们将拟合一个包含两个隐藏层的 DNN，其中每个隐藏层包含 3 个神经元。以下代码是具体步骤：

```
fit<-neuralnet(response~attribute,data=data,hidden=c(3,3),
threshold=0.01)
```

模型公式 response~attribute 的声明符合 R 语言开发规范。也许唯一让人感兴趣的元素是 threshold 设置了将要使用的误差阈值。实际设置的层级在很大程度上取决于应用程序采用的是哪种开发模型。比如，一个在脑外科手术中用来控制手术刀运动的模型，肯定要比一个用于在繁忙的购物中心跟踪单个行人运动轨迹而开发的模型的误差小很多。拟合的模型如图 6-2 所示。

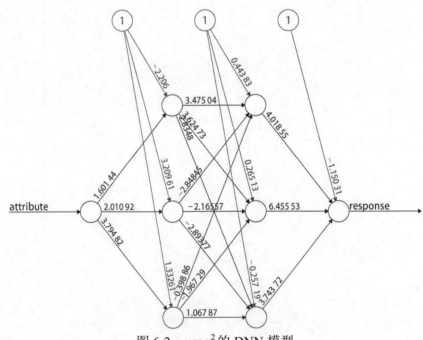

图 6-2　$y = x^2$ 的 DNN 模型

注意，图 6-2 显示的是连接的权重、截距或偏置权重。总体而言，该模型需要 3 191 步才能收敛，误差为 0.012 837。

6.1.1.3 性能评估

下面看看模型在处理测试样本近似函数时的表现如何。我们在−2~+2 区间中生成 10 个观察值，并将结果存储到 R 对象 testdata 中：

```
testdata<-as.matrix(sample(seq(-2,2,
    length=10),10,replace=FALSE),ncol=1)
```

neuralnet 软件包中的预测功能是通过 compute 函数实现的：

```
pred<-compute(fit,testdata)
```

> ✍ 温馨提示
>
> 要查看任何 R 对象中可用的属性，只需输入 attributes(object_name)即可。例如，要查看 pred 的属性，可输入并能够看到如下结果：
>
> ```
> attributes(pred)
> $names
> [1] "neurons"        "net.result"
> ```

预测值是通过向变量 pred 后附加属性数据$net.result 访问获得的。下面是一种访问它们的方法：

```
result<-cbind(testdata,pred$net.result,testdata^2)
```

```
colnames(result)<-c("Attribute","Prediction","Actual")
```

```
round(result,4)
        Attribute   Prediction   Actual
[1 ,]    2.0000      3.9317      4.0000
[2 ,]   -2.0000      3.9675      4.0000
[3 ,]    0.6667      0.4395      0.4444
```

[4 ,]	−0.6667	0.4554	0.4444
[5 ,]	1.5556	2.4521	2.4198
[6 ,]	−1.5556	2.4213	2.4198
[7 ,]	−0.2222	0.0364	0.0494
[8 ,]	0.2222	0.0785	0.0494
[9 ,]	−1.1111	1.2254	1.2346
[10 ,]	1.1111	1.2013	1.2346

第一行语句将包含实际观察值（testdata^2）的 DNN 预测结果（pred$net.result）整合到 R 对象 result 中，第二条语句为每列提供了一个名称（为了打印到屏幕上时增加可读性），第三条语句将 R 对象 result 以保留 4 位小数的形式打印输出。

报告的数字表明 DNN 提供了一个好的，尽管不确切，但是比较接近的实际函数。预测值和拟合值如图 6-3 所示。读者可以自行判断，对于 DNN 模型的准确性有什么看法？希望如何改进它？

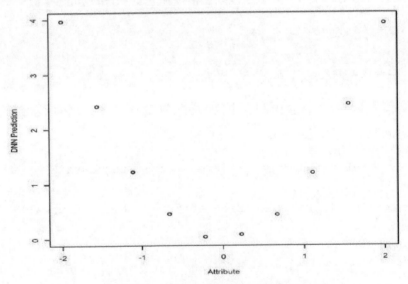

图 6-3　DNN 预测值和实际值

6.2　在没有知识储备的情况下为复杂的数学关系建模

DNN 的隐藏层是很有用的，因为它们可以模拟极其复杂的决策函数。图 6-4 演示了通常的应用场景。隐藏层作为一个函数逼近器，可以处理非常复杂的特征变换。

这一切的伟大之处在于，你不需要知道目标变量和响应变量之间的函数形式。该模型可以检测变量之间难以发现的相互作用。相互作用是两个或多个变量组合作用产生的影响。比如，假定营销活动导致位于得克萨斯州奥斯汀市的中年女性购买了该产品，而位于英国考文垂的同龄女性却没有购买该产品。包含性别、年龄和地点等因素综合影响的预测模型要比仅基于性别的模型表现更佳。但是，传统的统计模型要求用户通过一系列假设或先验知识预先确定这些相互作用，DNN 可以自动检测这些相互作用。

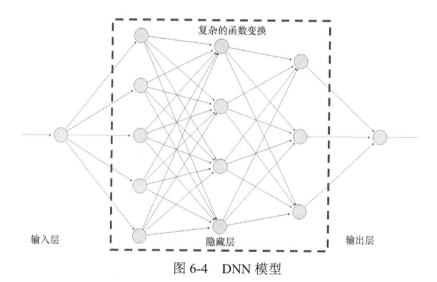

图 6-4　DNN 模型

深度神经网络使用任何可用的有关被调查现象的性质和特征之间的因果联系的信息，形成一个预测方程。相互作用的检测不依赖于数据分析师对模型系数施加的经验、先验或限制信息。这是一场真正的革命，因为它允许数据科学家为复杂的问题建立准确的模型，而无需事先确定所有可能有用的预测性相互作用，或了解预测变量与属性之间关系的数学形式。

比如，韩国汉阳大学的 Jechang Jeong 教授和计算机工程系学生 Farhan Hussain 共同研发了一套用于实时除雾的深度神经网络模型[26]。他们解释说：

"图像中的雾可以通过未知的复杂函数进行数学模拟，我们利用深度神经网络来近似雾的相应数学模型。"

关键在于这些数学函数对于研究者来说是未知的。他们不必预先指定它，因为这样一来他们将必须使用线性回归模型。相反，他们将属性传递给 DNN 模型，并找到了一种很好的解决方案。图 6-5a 表示没有雾的原始场景，图 6-5b 表示有雾的场景，图 6-5c 表示经过 DNN 处理后的去雾图像。

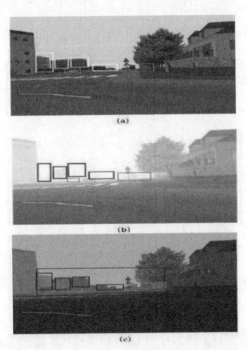

图 6-5　Jeong 和 Hussain 的除雾 DNN 算法的样本图片（图片引用自参考资料[26]）

6.3 整合深度神经网络蓝图

DNN 包含多层次的非线性，使得它可以紧凑地表示高度非线性或高度变化的函数。每个隐藏层从前一层输出中提取特征。它们本质上是一种使用多层抽象来表示概念或特征（比如雾）的方法。事实上，任何工程师或建筑师都会识别这种基本方法，就像构想大型办公大楼的蓝图一样。在最底层，可以表示个别房间中的电气线路、水管和污水流动等细节；而在最高层，可能会要求显示 30 层楼建筑物的楼层轮廓、旋转式的观景台和顶部的旗杆。

深度神经网络遵循了这种非常有用的模式，几乎适用于生活中的方方面面：医务人员可以拥有一个诊断蓝图，教师可以从教学过程中总结出教学大纲，企业可以通过战略计划来提高盈利能力；即使学术界也有一个蓝图，他们会根据研究论文撰写出版物。

事实上，你很难在生活中找到通过多层次抽象来表达思想是无益的示例——军事将领在策划战争时会采用同样的原则，政治家在参与选举时没有理由不将相同的原理用于分类和预测，无论是神经网络还是其他类型的多层模型。

6.4 深度神经网络的完美剖析

我们可以将 DNN 视为若干单个回归模型的组合。这些模型（又称神经元）被链接在一起，在给定一组输入的情况下，以提供比单个模型更灵活的输出组合。正是这种灵活性使它们可以拟合任何函数。

对于一个分类问题，各个神经元的输出结果是它们可能和不可能这两种可能性的排列组合构成。最终结果是合理怀疑某个属于特定类别的可能性。

在某些条件下，我们可以将每个隐藏层解析为一个简单的对数线性模型[27]。对数线性模型是常用于泊松分布数据的广义线性模型的特例之一，它是双向列联分析的延伸。

回顾一下统计学入门课程，这涉及通过对一个列联表中单元频率取自然对数来测量两个或多个离散的分类变量之间的条件关系。如果回顾统计学入门知识后，并没有想起这些内容，那么也不必担心，我发现这些统计学入门课程的内容并不是那么容易理解，并且我还教过这门课！

一个关键的问题是，由于一般的 DNN 中都是多层的，所以隐藏层可以被看作是对数线性模型的堆栈，其集合近似于给定输入属性的响应类的后验概率。

隐藏层会对给定输入属性的条件独立的隐藏二元神经元的后验概率进行建模。最后，输出层估计类的后验概率。

6.5   选择最佳层数

构建和使用 DNN 时面临的主要困难之一是选择适当数量的隐藏层。该问题具有一定的挑战性，因为可能在一个误差很小的训练样本上训练一个 DNN 时，只能发现它对训练过程中未使用的模式非常不利。

当这些在你身上发生时，它将不会受到干扰。讲授数据科学的教授，概述前沿技术和文章的书籍很少会揭示这些不争的事实。

拿起任何课本，你看到了什么？成功的模型接踵而至。当我完成统计学硕士学位时，认为模型构建是一件轻而易举的事！有趣的是，年复一年，我陆陆续续认识的刚毕业的数据科学和统计学专业的研究生们，都和我当年的想法差不多。你会发现，对于外行来说，建模过程很简单，轻而易举，对于数据科学家来说就是举手之劳。

　　在实际的实践过程中，数据科学的发展是由一系列的失败和偶尔成功构成的。如果你部署过某些商业模型，将不可避免地要考虑在模型开发过程中投入大量的时间、精力和风险等成本。

　　不幸的是，一个 DNN 可能有五六个甚至 20 个模型在训练集上的表现相当不错！然而，每个单一模型在测试样本上却失败了，或者更糟的是——你的模型已经投入实际应用，但是却像半空中失事的火箭，烧成一个巨大的火球，慢慢地坠落在到地面。你和你的老板差点被火球产生的浓厚烟雾弄得窒息，这对于你可能是灾难性的，甚至终结职业生涯。

　　我认为寻找最佳层数的本质是一个模型选择问题。使用传统的模型选择技术只能解决部分问题，新手最常使用的一种方法是反复实验，其次我个人最喜欢的是系统化全局搜索反向选择标准。如果将每一个隐藏层视为特征检测器，层数越多，则可以学习到更复杂的特征检测器。这导致了一个很简单的经验法则，函数越复杂采用的层数越多。

　　好消息是，DNN 可以为非常复杂的函数建模，它在概念上很容易理解。它们允许你为非线性函数建模，非常灵活，并且可以很容易地通过更改节点数或层数对当前的问题进行配置。随着更多可用数据的出现，模型可以进行微调以提高性能。

6.6　参考资料

　　[24] 参考 Robin Wigglesworth 的文章《基金管理正热衷于 AI 的"深度学习"》（Money managers seek AI's 'deep learning'）。

　　[25] 参考 Hornik、M. Stichcombe 和 H. White 的文章《多层前馈网络是通用的模拟器》（Multilayer feedforward networks are universal approximators）。

　　[26] 参考 Farhan Hussain 和 Jechang Jeong 的文章《神经网络提高雾天

场景图片可见性的应用》（Visibility Enhancement of Scene Images Degraded by Foggy Weather Conditions with Deep Neural Networks）。

[27] 更多细节可以参考 Seide、Frank 等的文章《用于语音转录的上下文的深度神经网络的特征工程》（Feature engineering in context-dependent deep neural networks for conversational speech transcription）。

第 7 章
在线热点新闻分类

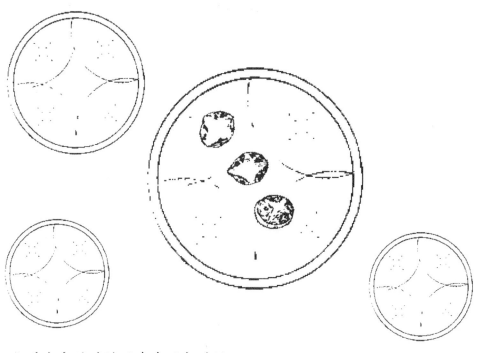

优质内容的关键因素在于相关性。

——杰森·米勒

市场营销的挑战是在潜在客户的脑海中保持产品和服务的可见性。比如宠物食品公司的营销部门正在浏览和宠物相关的主题文章，以便选择可以引起目标客户注意的故事。理想情况下，一篇或者两篇文章就会引起连锁反应，给宠物食品公司带来大量的潜在客户。那么该公司如何确定哪些新闻是受欢迎甚至是大受欢迎的热点呢？

预测在线新闻报道的受欢迎程度有助于确定广告活动的潜在的成功率。它在产品推荐以及监测经济、政治和社会趋势等领域也非常有用[28]。在本章中，我们将通过构建一个深度神经网络来预测在线新闻报道的流行度，从而探索这种想法。

7.1　在线新闻的特点

我们将采用托管在 UCI 机器学习版本库上的 Online News Popularity 数据集[29]。它包含在 Mashable 网站上发布的 39 644 篇文章。该样本库包含 58 个属性，其中包括文章的 URL、特定文章的关键字数量、文章的发布日期、文档主题生成模型（Latent Dirichlet Allocation，简称 LDA，是一种文档主题生成模型，也称为三层贝叶斯概率模型，包含关键词、主题和文档三层结构）结果、图片和视频的数量、数据通道等。每个属性描述了文章的独特方面。每篇文章的转发数也被收集了。这是新闻报道受欢迎程度的标志。我们将它用作目标变量。

图 7-1 说明了在线新闻的转发数分布。它表明极少数文章的转发率占比非常高。文章转发的中位数是 1 400 次。最不受欢迎的文章转发数陡然下降到只有一次，而最右边最热门的文章的转发数竟然高达 843 300 次（图中未显示）。

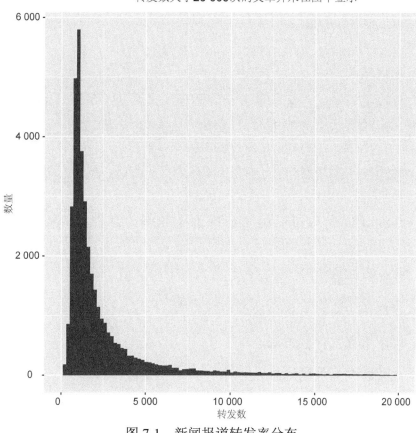

图 7-1 新闻报道转发率分布

7.2 如何从网上下载在线新闻样本

当使用 R 语言程序时，它会指向用户计算机上的某个目录。你可以使用获取当前工作目录的函数 getwd 找到当前的工作目录；要更改工作目录，可以使用设置工作目录的函数 setwd("文件路径")，并指定目标文件夹的路径。

我们将把路径存储到 R 对象 loca 中，并按如下方式设置工作目录：

```
loca="C:/Online_News"
setwd(loca)
```

✍ 温馨提示

在上面的示例中，loca 设置为 C：驱动器上名为 Online_News 的目录。你需要将 loca 设置为你希望存储数据的特定位置。

使用 download.file

download.file 函数可以用于从网上下载某个文件，你需要声明如下内容。

（1）文件的位置。

（2）用户希望将该文件存放的目标位置。

（3）用于下载文件的方法。

以下是互联网文件的地址：

```
urlloc="https://archive.ics.uci.edu/ml/
    machine-learning-databases/00332/
    OnlineNewsPopularity.zip"
```

现在可以使用 download.file 来获取数据：

```
download.file(urlloc,destfile="OnlineNewsPopularity.zip",
method="libcurl")
```

以下是和上述代码有关的一些注意事项。

（1）R 对象 urlloc 存储了要下载文件的位置。

（2）参数 destfile 将把文件以 OnlineNewsPopularity.zip 的形式存储到用

户的本地硬盘上。

（3）最后，参数 method 将被设置成支持多种文件传输协议的程序库 libcurl。

7.3 一种浏览数据样本的简单方法

文件 OnlineNewsPopularity 是被压缩过的，因为我们需要对它进行解压缩并提取相关信息。我们希望的文件是 OnlineNewsPopularity.csv。提取它并将其写入被称为 dataset 的 R 对象以供进一步分析。这里的具体步骤如下：

```
unzip("OnlineNewsPopularity.zip")
fileloc="C:/Online_News/OnlineNewsPopularity/OnlineNewsPopula
rity.csv"
dataset<-read.table(fileloc,sep=",",skip=0,header=T)
```

检查属性和样本

检查用户拥有正确数量的属性和样本是一个好习惯。一种方法是使用 str 函数：

```
str(dataset)
```

图 7-2 表示参考资料版本的输出结果。预期的样本包含 39 644 个。它还包含大量属性（共 61 个，其中包含响应变量 shares）。

查看 dataset 中第一列和第二列的前几条记录。下面就是你将看到的内容：

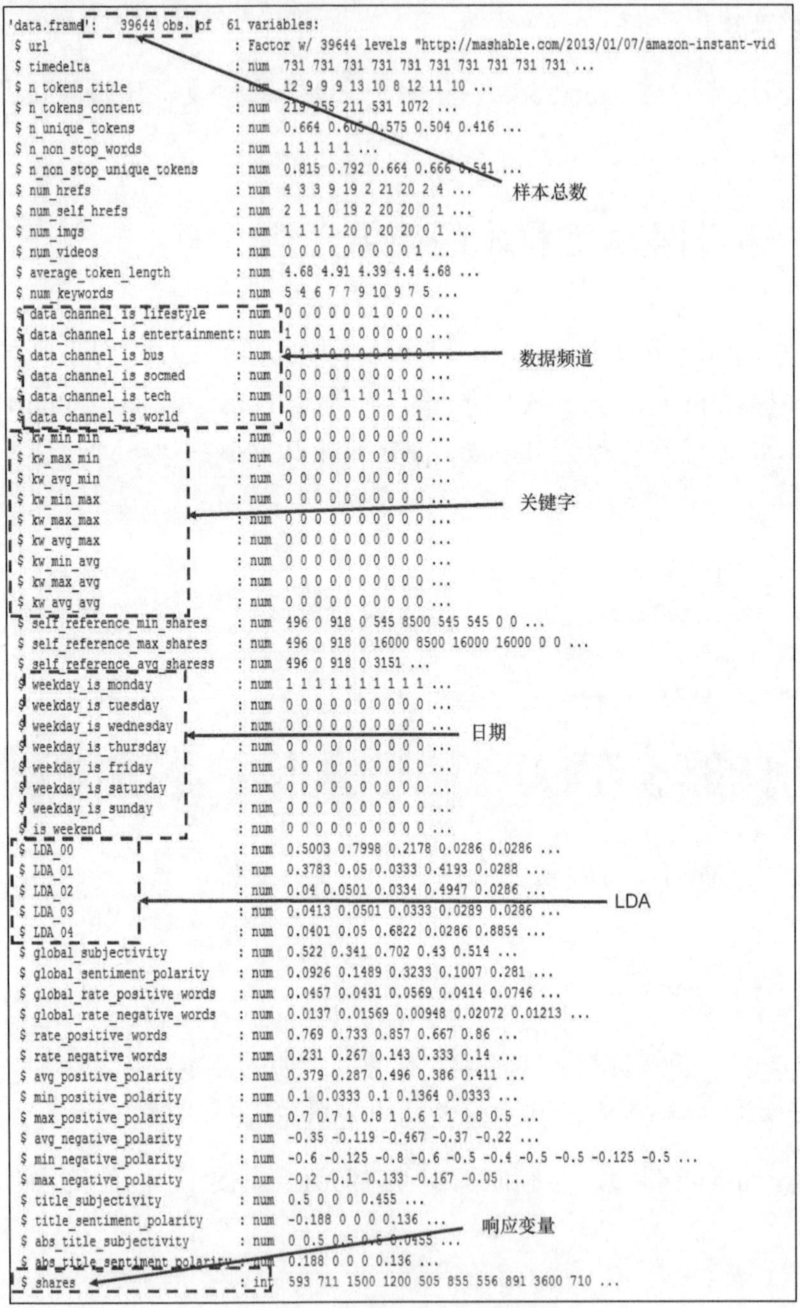

```
'data.frame':    39644 obs. of 61 variables:
 $ url                         : Factor w/ 39644 levels "http://mashable.com/2013/01/07/amazon-instant-vid
 $ timedelta                   : num  731 731 731 731 731 731 731 731 731 731 ...
 $ n_tokens_title              : num  12 9 9 9 13 10 8 12 11 10 ...
 $ n_tokens_content            : num  219 255 211 531 1072 ...
 $ n_unique_tokens             : num  0.664 0.605 0.575 0.504 0.416 ...
 $ n_non_stop_words            : num  1 1 1 1 1 ...
 $ n_non_stop_unique_tokens    : num  0.815 0.792 0.664 0.666 0.541 ...
 $ num_hrefs                   : num  4 3 3 9 19 2 21 20 2 4 ...
 $ num_self_hrefs              : num  2 1 1 0 19 2 20 20 0 1 ...
 $ num_imgs                    : num  1 1 1 1 20 0 20 20 0 1 ...
 $ num_videos                  : num  0 0 0 0 0 0 0 0 0 1 ...
 $ average_token_length        : num  4.68 4.91 4.39 4.4 4.68 ...
 $ num_keywords                : num  5 4 6 7 7 9 10 9 7 5 ...
 $ data_channel_is_lifestyle   : num  0 0 0 0 0 0 1 0 0 0 ...
 $ data_channel_is_entertainment: num 1 0 0 1 0 0 0 0 0 0 ...
 $ data_channel_is_bus         : num  0 1 1 0 0 0 0 0 0 0 ...
 $ data_channel_is_socmed      : num  0 0 0 0 0 0 0 0 0 0 ...
 $ data_channel_is_tech        : num  0 0 0 0 1 1 0 1 1 0 ...
 $ data_channel_is_world       : num  0 0 0 0 0 0 0 0 0 1 ...
 $ kw_min_min                  : num  0 0 0 0 0 0 0 0 0 ...
 $ kw_max_min                  : num  0 0 0 0 0 0 0 0 0 ...
 $ kw_avg_min                  : num  0 0 0 0 0 0 0 0 0 ...
 $ kw_min_max                  : num  0 0 0 0 0 0 0 0 0 ...
 $ kw_max_max                  : num  0 0 0 0 0 0 0 0 0 ...
 $ kw_avg_max                  : num  0 0 0 0 0 0 0 0 0 ...
 $ kw_min_avg                  : num  0 0 0 0 0 0 0 0 0 ...
 $ kw_max_avg                  : num  0 0 0 0 0 0 0 0 0 ...
 $ kw_avg_avg                  : num  0 0 0 0 0 0 0 0 0 ...
 $ self_reference_min_shares   : num  496 0 918 0 545 8500 545 545 0 0 ...
 $ self_reference_max_shares   : num  496 0 918 0 16000 8500 16000 16000 0 0 ...
 $ self_reference_avg_sharess  : num  496 0 918 0 3151 ...
 $ weekday_is_monday           : num  1 1 1 1 1 1 1 1 1 1 ...
 $ weekday_is_tuesday          : num  0 0 0 0 0 0 0 0 0 0 ...
 $ weekday_is_wednesday        : num  0 0 0 0 0 0 0 0 0 0 ...
 $ weekday_is_thursday         : num  0 0 0 0 0 0 0 0 0 0 ...
 $ weekday_is_friday           : num  0 0 0 0 0 0 0 0 0 0 ...
 $ weekday_is_saturday         : num  0 0 0 0 0 0 0 0 0 0 ...
 $ weekday_is_sunday           : num  0 0 0 0 0 0 0 0 0 0 ...
 $ is_weekend                  : num  0 0 0 0 0 0 0 0 0 0 ...
 $ LDA_00                      : num  0.5003 0.7998 0.2178 0.0286 0.0286 ...
 $ LDA_01                      : num  0.3783 0.05 0.0333 0.4193 0.0288 ...
 $ LDA_02                      : num  0.04 0.0501 0.0334 0.4947 0.0286 ...
 $ LDA_03                      : num  0.0413 0.0501 0.0333 0.0289 0.0286 ...
 $ LDA_04                      : num  0.0401 0.05 0.6822 0.0286 0.8854 ...
 $ global_subjectivity         : num  0.522 0.341 0.702 0.43 0.514 ...
 $ global_sentiment_polarity   : num  0.0926 0.1489 0.3233 0.1007 0.281 ...
 $ global_rate_positive_words  : num  0.0457 0.0431 0.0569 0.0414 0.0746 ...
 $ global_rate_negative_words  : num  0.0137 0.01569 0.00948 0.02072 0.01213 ...
 $ rate_positive_words         : num  0.769 0.733 0.857 0.667 0.86 ...
 $ rate_negative_words         : num  0.231 0.267 0.143 0.333 0.14 ...
 $ avg_positive_polarity       : num  0.379 0.287 0.496 0.386 0.411 ...
 $ min_positive_polarity       : num  0.1 0.0333 0.1 0.1364 0.0333 ...
 $ max_positive_polarity       : num  0.7 0.7 1 0.8 1 0.6 1 1 0.8 0.5 ...
 $ avg_negative_polarity       : num  -0.35 -0.119 -0.467 -0.37 -0.22 ...
 $ min_negative_polarity       : num  -0.6 -0.125 -0.8 -0.6 -0.5 -0.4 -0.5 -0.5 -0.125 -0.5 ...
 $ max_negative_polarity       : num  -0.2 -0.1 -0.133 -0.167 -0.05 ...
 $ title_subjectivity          : num  0.5 0 0 0 0.455 ...
 $ title_sentiment_polarity    : num  -0.188 0 0 0 0.136 ...
 $ abs_title_subjectivity      : num  0 0.5 0.5 0.5 0.0455 ...
 $ abs_title_sentiment_polarity: num  0.188 0 0 0 0.136 ...
 $ shares                      : int  593 711 1500 1200 505 855 556 891 3600 710 ...
```

样本总数

数据频道

关键字

日期

LDA

响应变量

图 7-2　str（dataset）中的内容

```
dataset[1:3,1:2]
```

```
1    http://mashable.com/2013/01/07/amazon-instant-video-browser/    731
2      http://mashable.com/2013/01/07/ap-samsung-sponsored-tweets/    731
3 http://mashable.com/2013/01/07/apple-40-billion-app-downloads/    731
```

第一个网址是关于亚马逊流媒体视频库的新闻链接，第二个网址是关于 Twitter 显示赞赏推文的新闻链接，第三个网址是关于苹果 App Store 下载量超过 400 亿次的新闻。由于这些链接是非预测性的，所以我们使用 NULL 参数将它们从 dataset 移除：

```
dataset$url<-NULL
```

7.4　如何预处理新闻转发的频率

响应变量（shares）是定义文章在社交媒体上转发频率的指标。我们来看看它的特点：

```
summary(dataset$shares)
```

```
 Min. 1st Qu.  Median   Mean 3rd Qu.    Max.
    1    946    1400    3395    2800   843300
```

它是一个整数（计数）型变量，中位数是 1 400，最大数超过 800 000。我们的主要目标是对那些可能具有“高人气”的文章进行分类。一种方法是创建一个二元变量，使用转发量在中位数以上的作为截止点：

```
target<-as.numeric(dataset$shares>1400)
```

上述代码创建了一个名为 target 的 0-1 二元变量，如果转发数超过 1 400，则该变量的值为 1，否则为 0。要检查它是否能够按照预期工作，可以看看 target 和 dataset$shares 中前几条观测数据：

```
head(target)
[1] 0 0 1 0 0 0
head(dataset$shares)
[1]   593   711   1500   1200   505   855
```

第一条观测数据的转发量是 593，所以 target 中的值是 0，第二条观测数据也是如此。另外，第三条观测数据的转发量是 1 500，它高于中位数 1 400，所以 target 中的值是 1。其余观测数据的值都小于中位数，因此代码为 0。

作为额外的检查，我们使用 summary 函数来查看 target 的特征。我们关注的重点在于确保 0 和 1 的数量大致相等。按理说应该是这样，因为我们使用中位数作为截止点。以适当的格式查看数据的简单方法是使用 as.factor 参数。它将一个 R 对象转化为一个可以分别求和的因子：

```
summary(as.factor(target))
    0     1
20082  19562
```

这些数字与我们的预期一致。

> **📖 温馨提示**
>
> 可以使用 class 参数查看 R 对象的类型，比如：
>
> ```
> class(target)
> [1] "numeric"
> ```
>
> 这是告知我们 target 是数字类型。

7.5　标准化的重要性

在传统的统计分析中，通常要对一个变量进行标准化，使其分布近似为高斯分布。高斯分布具有一些很好的理论属性。当构建深度神经网络时，对属性进行标准化也是一个好主意,因为如果算法没有或多或少地服从正态分布,则算法可能表现不佳。标准正态分布变量的平均值为 0,方差为 1。

虽然没有关于如何标准化属性的固定规则,但是实现这一点的简单方式是通过移除每个属性的平均值以便将数据转换到中心原点,然后将属性除以标准差来对其进行缩放。对于属性 x_i:

$$z_i = \frac{x_i - \overline{x}}{\sigma_x} \tag{7.1}$$

在构建传统的统计模型时,这种方法往往被称为第一个"停靠港"。它能够确保观察结果的平均值为 0,标准差为 1。当然,与很多深度学习中的事情类似,它并不能总是产生好的结果,所以需要有其他备选方案。以下是两种常见的选择:

$$z_i = \frac{x_i}{\sqrt{SS_i}} \tag{7.2}$$

$$z_i = \frac{x_i}{x_{max} + 1} \tag{7.3}$$

SS_i 是 x_i 的平方和,$\overline{x}$ 和 σ_x 是 x_i 的平均值和标准偏差。还有另一种涉及缩放属性的方法,以便使得给定的最小值和最大值保持不变,它们通常在 0~1 之间,这样每个属性的最大绝对值就能确保被缩放为单位大小:

$$z_i = \frac{x_i - x_{min}}{x_{max} - x_{min}} \tag{7.4}$$

具体应该使用哪一个呢?在数据科学领域取得巨大成功的关键在于大量的实验,你甚至可以尝试一切。但是为了入手方便,我们会使用式(7.4)。这可以通过用户定义的 max_min_Range 函数来实现:

```
max_min_Range<-function(x){(x-min(x))/(
```

```
max(x)-min(x))}
```

我们的属性集将由星期、关键字、频道和 LDA 等属性组成。它们将与
target 一起被整合到一个被称为 data 的 R 对象中：

```
kword<-max_min_Range(dataset[,19:27])
day<-dataset[,31:38]
channel<-dataset[,13:18]
lda<-dataset[,39:43]
data<-cbind(day,channel,kword,lda,target)
```

在本示例中，我们只在 kword 上使用了 max_min_Range 函数，因为其
他属性都是二元的。

> ✍ 温馨提示
>
> 超出[-1,1]的比例变化的属性通常被标准化。min-max 标准化方法，即
> 式（7.4），通常是一个不错的选择。

7.6 创建训练样本

对于训练集，我们在无替换的情况选用随机选择的 39 500 个示例。
sample 函数允许我们在一个步骤中即完成此操作：

```
rand_seed=2016
set.seed(rand_seed )
train<-sample(1:nrow(data),39500,FALSE)
```

需要重点注意的是，train 中包含的是训练集样本中数据行的位置，而不
是实际的观察值。为此可以使用 head 函数查看它们：

```
head(train)
[1]  7143  5667  33365  5296  18929  4807
```

第一个随机选择的样本位于第 7 143 行，第六个随机选择的样本位于第 4 807 行。

接下来，创建 train 和 test 集合属性和 target 变量：

```
x_train<-as.matrix(data[train,1:28])
y_train<-data[train,29]
x_test<-as.matrix(max_min_Range(data[-train,1:28]))
y_test<-data[-train,29]
```

为了便于解释，训练属性和响应分别存储在 x_train 和 y_train 中，test 集合属性和响应分别存放在 x_test 和 y_test 中。

7.7 适合深度神经网络的证明方法

deepnet 软件包为拟合深度神经网络提供了一个直观的界面。让我们加载该软件包，并且因为神经网络中的权重是随机生成的，set.seed 方法用于确保执行结果的可重现性。我们通过 nn.train 函数使用包含 5 个节点的隐藏层来适配双层模型：

```
require(deepnet)
set.seed(rand_seed)
fit1<-nn.train(x=x_train,y=y_train,hidden=c(5,5),
numepochs=10,
activationfun="sigm",
output="sigm")
```

以下是一些关于上述代码的注意事项。

（1）nn.train 函数的前两个参数对应的是训练集属性和响应变量。

（2）接下来通过 hidden 参数指定每层中的节点数量。

（3）隐藏层和输出层的 S 型激活函数分别是通过 activationfun = "sigm"
和 output = "sigm"进行指定的。

（4）最后，R 对象 fit1 存储的是深度神经网络的预估值。

查看 R 对象的属性

要查看 fit1 对象的属性，可以使用 attributes 函数:

```
attributes(fit1)
$names
  [1]"input_dim"          "output_dim"
  [3]"hidden"             "size"
  [5]"activationfun"      "learningrate"
  [7]"momentum"           "learningrate_scale"
  [9]"hidden_dropout"     "visible_dropout"
 [11]"output"             "W"
 [13]"vW"                 "B"
 [15]"vB"                 "post"
 [17]"pre"                "e"
```

你还可以查看与之相关的属性。比如，希望了解 fit1 中使用的激活函数，
可以输入如下命令:

```
fit1$activationfun
[1] "sigm"
```

它告诉我们 fits 对象采用了一个 S 型函数。如果希望查看网络的大小，
可以输入如下命令:

```
fit1$size
[1] 28   5   5   1
```

它表示深度神经网络包含 28 个输入属性、两个隐藏层（每个隐藏层包

含 5 个节点）以及 1 个输出层节点。

7.8 分类预测

分类预测可以使用 nn.predict 函数实现。这个函数有两个主要参数，第一个是适配的模型（在我们的示例中是 fit1），第二个是测试集属性（包含在 x_test 中）：

```
score1<-nn.predict(fit1,x_train)
```

预测结果是以概率的形式存储的。接下来我们看看前面几个观测值：

```
head(score1,3)
          [,1]
7143    0.4954891
5667    0.4954638
33365   0.4955332
```

它列出了使用训练样本的前 3 个预测结果。第一个观察值来自于原生数据集的第 7 143 行，并且预测概率为 0.49。值大于 0.5 表示转发数大于中位数。在这种情况下，该新闻报道的转发数预计将小于转发中位数。

第二个和第三个观察值来自于原生数据集的第 5 667 行和第 3 336 行。它们的预测概率也是 0.49，因此预计其转发数也比转发中位数小。

对比预测

现在，我们将这 3 个预测值与实际情况进行比较。它们包含在训练集响应对象 y_train 中：

```
head(y_test,3)
[1] 0 1 0
```

第一个例子的观察值似乎低于表示转发中位数的"0"，第三个观察值也是如此。然而，第二个观察结果大于转发中位数，因此模型分类有误。不过，预测值还存在一些疑问。前 3 个值都在 0.49 左右。当一个模型跨越多个样本示例到单一概率数时，我会有一点好奇。这通常表明该模型没有很好地对数据进行分类。有很多方法可以对此进一步调查。我们可以简单地使用 head 函数查看每个概率（继续进行测试）。不过，为了节省空间，我们将使用 summary 函数：

```
summary(score1)
      V1
 Min.   :0.4954
 1st Qu.:0.4955
 Median :0.4955
 Mean   :0.4955
 3rd Qu.:0.4955
 Max.   :0.4956
```

看起来预测概率的变化很小，已经收敛到 0.49。这不是一个好兆头！它表明模型未能做出任何有效的预测，它只是围绕每个样本的中值进行预测。当然，由于大约一半的样本小于中位数，所以将有一半的概率是正确的。所以你会得到类似抛硬币的成功率。问题是如何解决这个问题。那么，有很多选择，本书后续内容将对它们进行一一介绍。一种简单的办法是拟合每个隐藏层中的节点数量。但究竟要包含多少个神经元呢？

7.9   需要包含多少个神经元的答案

挑战在于，神经元太少将阻止网络充分地拟合数据；神经元太多有可能会导致过度拟合。解决这个问题的一种方法是留意用户对包含变化的数据的提取模式。这些变化通常来自自然资源（即从概率分布中随机提取），或者它们可能是用户尝试建模过程中固有的。

在 1971 年撰写小说《Wheels》时，作者 Arthur Hailey 在其中描述了星期一或星期五组装的汽车会遇到质量问题的原因。由于周末醉酒的残留影响，周一生产的汽车质量较差；而周五制造的汽车又因为工人们担心醉酒而受到影响。实际上，任何一条工业生产线都会有一些差异。以小部件的制作为例，尽管小部件都是使用相同的工艺和材料制造的，但是在质量、尺寸、颜色和质地等方面会有所不同。这种差异可能与小部件的预期用途无关紧要，但是单个小部件之间的差异太大会导致质量问题。

事实上，由于监督小部件生产过程中产生不可接受的瑕疵而被解雇的高管数量众多[30]。

7.9.1　一个关键点

关键在于，用户希望从数据捕获的模式几乎总会有一些变化。这种变化一部分是系统性的并且可以用于特征分类，一部分变化是不能用于特征分类的噪声。因为不同的问题将混杂不同的噪声来诱使系统发生变异，隐藏层神经元的数量是根据具体问题来确定的。

一种思路是每层使用更多的神经元来检测数据中更精细的结构。然而，采用的神经元越多，越有可能发生过度拟合的风险。发生过度拟合是因为采用的神经元越多，DNN 越有可能会同时学习模式和噪声，而不是数据的基本统计结构。结果是 DNN 在样本数据中的表现良好，但在其之外就表现欠佳。

7.9.2 核心思想

在构建 DNN 模型时，务必牢记以下核心思想。为了获得最佳的泛化能力，DNN 应该尽可能少地使用神经元来解决目前存在的容错性问题。训练模式的数量越多，可使用的神经元的数量也越多，同时仍然保持 DNN 的泛化能力。

7.10 构建一个更复杂的模型

考虑到我们现在有超过 30 000 个观测值和 28 个属性，接下来可能会增加每层神经元的数量。让我们尝试在第一个隐藏层中放置 60 个节点，并在第二个隐藏层中尝试放置上述隐藏层一半数量的节点：

```
set.seed(rand_seed)
fit2<-nn.train(x=x_train,y=y_train,
hidden=c(60,30),
activationfun="sigm",
numepochs=10,
output="sigm")

score2<-nn.predict(fit2,x_train)
```

我们最好使用 summary 函数来对预测值进行校验：

```
summary(score2)
      V1
 Min.   :0.2274
 1st Qu.:0.3488
 Median :0.5003
 Mean   :0.4849
 3rd Qu.:0.5764
```

```
   Max.   :0.8772
```

由上述执行结果可知，似乎得到了一个很好的概率估计范围。

对于现在的预测数据，下面是其中的前 3 条记录：

```
head(score2,3)
           [,1]
7143   0.2943326
5667   0.5693177
33365 0.3731864
```

这 3 条预测记录都正确地对测试集样本进行了分类。第一条记录，概率 0.29 被分配给了少于中位数的转发数类别上；第三条记录的概率是 0.37；第二个例子预估的概率是 0.57 左右，并正确地分配给了大于中位数的转发数类别上。

7.11　混淆矩阵

混淆矩阵是一种比较预测值和实际值的简单方法，它是一个包含实际值和预测值分类信息的表格。混淆矩阵通常用于评估分类器的性能，并具有以下的一般形式：

预计类

		Yes=0	No=1
实际类	Yes	真阳性	假阳性
	No	假阴性	真阴性

由上述表格可知，错误分类发生在假阳性和假阴性象限中。比如，假定训练数据集中实际包含了 y=0 类别中的 500 个样本，类别 y=1 中包含了 350 个样本。

在训练了我们的原始模型后，将观察到一个混淆表，如下所示：

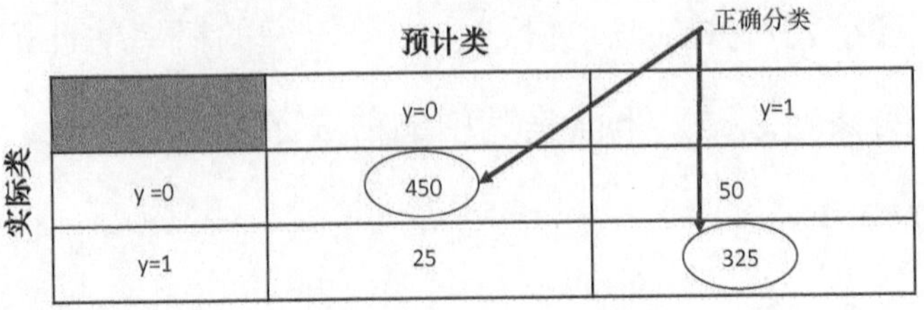

	预计类		正确分类
	y=0	y=1
y=0	450	50
y=1	25	325

（左侧竖排：实际类）

总之，该模型正确地将 450 个样本分类为 0 级、325 个样本分类为 1 级。

可以从混淆矩阵中计算出大量的汇总度量指标。模型精度是一种流行的度量指标，它用于衡量模型的精确性，并被定义成如下形式：

$$精度 = \frac{真阳性+真阴性}{总量} \tag{7.5}$$

对于上面的例子，我们看到它的值为：

$$\frac{450+325}{850} = 0.91 \text{ 或 } 91\%。$$

7.11.1 table 函数

table 函数可以创建一个混淆矩阵。下面的内容讲述的是如何将其与我们的预测模型搭配使用：

```
pred2<-factor(ifelse(score2<0.5,"0","1"))
table(y_train,pred2)

        pred2
y_train      0       1
      0  12410   7599
      1   7300  12191
```

第一行代码将 score2 中的值转化成二进制形式，其中的值如果小于 0.5 则将值置为 1，否则为 0。模型正确地为 24 000 多篇新闻进行分类，每个类别竟超过 12 000 篇。准确度的计算如下：

```
1-mean(pred2!=y_train)
[1] 0.6228101
```

因此，该模型在训练集样本中的准确率约为 62%。这比模型 fit1 的随机猜测的结果要好得多。

7.11.2 测试集上的性能

现在，我们来观察目前的模型如何在测试样本上执行：

```
score2_test<-nn.predict(fit2,x_test)
pred2_test<-factor(ifelse(score2_test<0.5,"0","1"))

table(y_test,pred2_test)


      pred2_test
y_test   0  1
     0  40 33
     1  24 47


1-mean(pred2_test!=y_test)
[1] 0.6041667
```

总体而言，该模型的准确率约为 60%，略微低于训练集中观察到的准确度。尽管如此，这是一个不错的开端。

7.12 实践出真知

在实际操作中，你会发现自己投入了大量的时间来构建和评估训练集上的模型。尝试改善本章介绍的模型的整体性能。也许还要调节额外的层级、节点或稍微变换的属性。

7.13 参考资料

[28] 参见以下示例：

- Tsagkias、Manos、Wouter Weerkamp 和 Maarten De Rijke 的论文《预测在线新闻报道的评论量》（Predicting the volume of comments on online news stories）；

- Chung 和 S. Deborah 的论文《在线报纸的互动功能：识别模式并对受众预测》（Interactive features of online newspapers: Identifying patterns and predicting use of engaged readers）；

- Kim、Soo-Min 和 Eduard Hovy 的论文《提取在线新闻媒体文本中观点、意见持有者和主题》（Extracting opinions, opinion holders, and topics expressed in online news media text）；

- Fernandes、Kelwin、Pedro Vinagre 和 Paulo Cortez 的论文《一个用于预测在线新闻的主动式智能决策支持系统》（A proactive intelligent decision support system for predicting the popularity of online news）。

[29] 参考 K. Fernandes、P. Vinagre 和 P. Cortez 的论文《主动式智能决策支持系统预测在线新闻的热度》（A Proactive Intelligent Decision Support

System for Predicting the Popularity of Online News）。

[30] 你将找到很多实例。下面是几年前的两则新闻，可以让你了解这个问题对实际生活产生的重要影响：

- 2013 年 11 月，汽车制造商现代汽车研发总裁权文植因一系列质量问题而辞职；

- 2014 年底，菲亚特－克莱斯勒的质量负责人 Doug Betts 离开公司。一天后，该汽车制造商在一个密切关注的美国车辆可靠性排名上成绩列在最后。见 Larry P. Vellequette 撰写的文章《Betts 离开克莱斯勒后又一次质量不佳》（Betts leaves Chrysler after another poor quality showing）。

第8章
为客户流失建模以促进业务增长

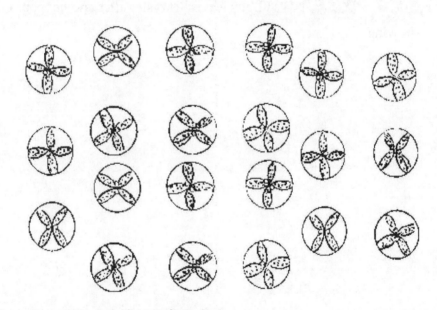

企业的目的是吸引并留住每个客户。

——彼得·F.德鲁克

如果你为一个提供的服务或产品需要订阅的企业工作，那么无疑会遇到客户流失的问题。客户流失，即一个客户离开他当前的产品或服务提供商，并转移到另一家提供类似产品或服务的企业。客户流失是一个问题，因为客户是所有企业的主要资产。

在本章中，我们将建立一个深度神经网络来识别有高度流失倾向的客户。预测客户流失的能力可以为企业提供宝贵的执行洞察力，并为特定客户提供量身定制的促销活动。企业的目标是在最大限度地留住既有客户的同时，将总体客户流失率降至最低。

8.1 客户流失的原因

客户流失的类型有很多种。第一种是契约式流失，在未来的一段时间内，客户和某种服务绑定在一起。只需查看合同的终止日期，即可轻松地预测这种服务中的客户流失。

在非契约式服务中，预测客户流失更具挑战性，因为除了违约客户之外，客户能够自己决定是否离开企业。购买服务后，顾客是否满意是一个核心因素，取决于产品或服务与客户预期的相关表现。如果服务质量低于预期，客户可能会不满意，并存在较高的客户流失风险。

非契约式客户流失的原因有很多种，并且随时可能发生。图 8-1 列举了一些潜在的原因。

留住客户是基于订阅的商业模式的重要组成部分。当客户离开后，企业将失去一个经常性的收入来源，以及企业花在获取客户方面的营销资金。客户流失导致收入的直接损失。一名经验丰富的企业家曾指出[31]：

"在成千上万的文章中，建议企业家在创业时重点关注团队、产品和市场 3 个因素。其中很多文章着重强调了产品、市场的兼容性。产品和市场的适配性不佳是创业失败的头号原因。然而，在所有文章中，我都没有看到自认为有关创业失败的第二大原因的任何讨论：获得客户的成本高于预期，并超越了将这些客户货币化的能力。"

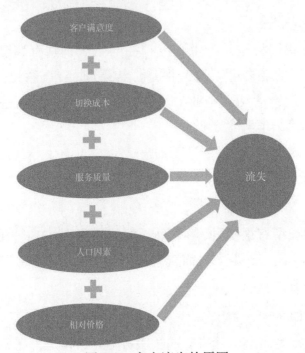

图 8-1　客户流失的原因

获得新客户的成本比留住既有客户成本高昂得多。前者的获取成本大概是后者的五六倍 [32]。即使客户流失的细微变化都可能意味着高利润企业和破产企业之间的差别。

为了实现持续的盈利能力，基于订阅的服务需要能够响应并预测客户的个人行为。确定哪些客户最可能流失，这样企业就可以针对这些客户推出一些鼓励措施将他们留住。这是一种节约资源的策略，因为它可以避免不必要的浪费，不必将这些鼓励措施用到不需要这些的客户身上。它使得企业能够将鼓励措施重点放在真正存在流失风险的客户上。

图 8-2 说明了目标客户流失策略与非目标流失客户策略之间的差异。因此，有效的客户流失率管理需要专注于存在流失风险的客户，以尽量减少客户流失的总体速度。

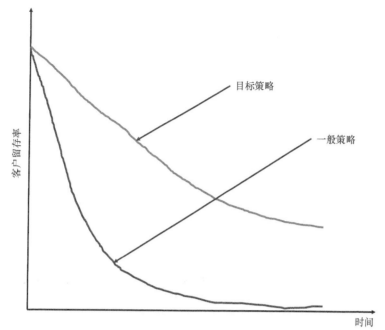

图 8-2 目标客户流失与非目标客户流失策略在客户维系方面的差异

8.2 电信行业的客户流失

客户流失在电信行业很普遍，手机用户会根据费用、服务要求和信号覆盖强度等因素的组合来选择运营商。我们将使用一个 DNN 来进一步研究该行业的客户流失。

用于建模的数据来自 Orange 数据库。它包含 21 个移动通信服务商的 3 333 个客户属性，如表 8-1 所示。表 8-1 中的属性 Churn 是一个二进制变量，它表明客户是否流失（离开企业）。

> ✍ 温馨提示
>
> 据估计，电信行业的平均流失率为 2.2%，年度成本超过 100 亿美元[33]。

表 8-1　orange 数据集属性

Column	Name
1	State
2	Account.Length
3	Area.Code
4	Phone
5	Int.l.Plan
6	Vmail.Plan
7	Vmail.Message
8	Day.Mins
9	Day.Calls
10	Day.Charge
11	Eve.Mins
12	Eve.Calls
13	Eve.Charge
14	Night.Mins
15	Night.Calls
16	Night.Charge
17	Intl.Mins
18	Intl.Calls
19	Intl.Charge
20	CustServ.Calls
21	Churn

8.3 如何将客户流失样本下载到本地硬盘

网页文件的位置存储在 R 对象 urlloc 中。它的地址[①]是：

```
urlloc="http://www.dataminingconsultant.com/data/churn.txt"
```

现在，用户可以设置希望存储文件的目标位置。在下面的示例中，位置设置为 C 盘驱动器上的 Churn 文件夹。你将需要根据实际情况指定相关的文件位置：

```
loca="C:/Churn"
setwd(loca)
```

download.file 函数将从网络上下载文件并将其保存到本地指定的文件目录下。下载的文件将另存为 churn.txt：

```
download.file(urlloc,destfile="churn.txt",method="libcurl")
```

> ✍ 温馨提示
>
> 你可以从如下地址下载该数据集：http://www.sgi.com/tech/mlc/ db/churn.all[②]。

8.4 一种收集数据和查看特征的简单方法

我需要将下载的数据添加到 R 中，并初步了解它的特性。这可以通过以下方式实现。

（1）通过 read.csv 函数将保存的数据文件写入 R 对象 dataset。

---

① 译者注：如果你无法从该网址下载到该 txt 文件，请到异步社区的本书配套资源中获取。
② 译者注：如果你无法从该网址下载到该数据集，请到异步社区的本书配套资源中获取。

（2）使用 str 函数，了解其中样本数据的属性和数量：

```
dataset<-read.csv("C:/Churn/churn.txt",header=T)
str(dataset)
```

```
data.frame':   3333 obs. of  21 variables:
$ State        : Factor w/ 51 levels "AK","AL","AR",..: 17 36 32 36 37 2 20 25 19 50 ...
$ Account.Length: int  128 107 137 84 75 118 121 147 117 141 ...
$ Area.Code    : int  415 415 415 408 415 510 510 415 408 415 ...
$ Phone        : Factor w/ 3333 levels "327-1058","327-1319",..: 1927 1576 1118 1708 111 2254 1048 81 292 118 ...
$ Int.l.Plan   : Factor w/ 2 levels "no","yes": 1 1 1 2 2 2 1 2 1 2 ...
$ VMail.Plan   : Factor w/ 2 levels "no","yes": 2 2 1 1 1 1 2 1 2 1 2 ...
$ VMail.Message : int  25 26 0 0 0 24 0 0 37 0 ...
$ Day.Mins     : num  265 162 243 299 167 ...
$ Day.Calls    : int  110 123 114 71 113 98 88 79 97 84 ...
$ Day.Charge   : num  45.1 27.5 41.4 50.9 28.3 ...
$ Eve.Mins     : num  197.4 195.5 121.2 61.9 148.3 ...
$ Eve.Calls    : int  99 103 110 88 122 101 108 94 80 111 ...
$ Eve.Charge   : num  16.78 16.62 10.3 5.26 12.61 ...
$ Night.Mins   : num  245 254 163 197 187 ...
$ Night.Calls  : int  91 103 104 89 121 118 118 96 90 97 ...
$ Night.Charge : num  11.01 11.45 7.32 8.86 8.41 ...
$ Intl.Mins    : num  10 13.7 12.2 6.6 10.1 6.3 7.5 7.1 8.7 11.2 ...
$ Intl.Calls   : int  3 3 5 7 3 6 7 6 4 5 ...
$ Intl.Charge  : num  2.7 3.7 3.29 1.78 2.73 1.7 2.03 1.92 2.35 3.02 ...
$ CustServ.Calls: int  1 1 0 2 3 0 3 0 1 0 ...
$ Churn.       : Factor w/ 2 levels "False.","True.": 1 1 1 1 1 1 1 1 1 1 ...
```

看来许多观察结果是数字或整数。但是，在我们的分析中，将不会用到 State 或 Phone 属性。可以使用 NULL 参数移除它们：

```
dataset$State<-NULL
dataset$Phone<-NULL
```

8.4.1 转换因子变量

可以使用 nnet 软件包中的 class.ind 函数将因子变量转换为二进制分类变量。我们使用它转换属性 Int.l.Plan 和 VMail.Plan：

```
require(nnet)
Int.l.Plan=class.ind(dataset$Int.l.Plan)
```

```
colnames(Int.l.Plan)=c("no","yes")

VMail.Plan=class.ind(dataset$VMail.Plan)
colnames(VMail.Plan)=c("no","yes")
```

来看看每个属性的前 3 条数据：

```
head(Int.l.Plan,3)
    no   yes
1   1    0
2   1    0
3   1    0


head(VMail.Plan,3)
    no   yes
1   0    1
2   0    1
3   1    0
```

8.4.2 转换响应变量

现在来看看目标变量中的前几个观测值：

```
head(dataset$Churn.,4)
[1] False.False.False.False.
Levels:False.True.
```

如前所述，这是一个包含两个层次的因子——"False."和"True."。这些 True 和 False 值需要转换为数字。二进制变量通常编码为[0,1]或[-1,+1]。我们采用后一种编码形式：

```
target<-dataset$Churn.
```

```
levels(target)[levels(target)=="False."]<-"-1"
levels(target)[levels(target)=="True."]<-"+1"
target<-as.numeric(levels(target))[target]
head(target)
[1]  -1  -1  -1  -1  -1  -1
```

8.4.3 清理

现在从 dataset 中删除其他不会用到的列：

```
dataset$Int.l.Plan<-NULL
dataset$VMail.Plan<-NULL
dataset$Churn.<-NULL
```

✍ 温馨提示

使用 NULL 参数时，应确保在 "Churn" 之后添加一个句点（.）；这只是真实数据集的另一个怪癖。理想情况下，目标变量应该被称为 Churn 而没有句点。但是，最后将它编码为 "Churn"。

8.4.4 查看数据

在下面的代码中，创建 R 对象 samples 以保存用于构建模型的所有数据。然后 summary 函数将被调用以提供每个属性的详细统计信息：

```
samples<-cbind(dataset,Int.l.Plan,VMail.Plan)

summary(samples)
```

```
Account.Length      Area.Code     VMail.Message      Day.Mins       Day.Calls      Day.Charge       Eve.Mins       Eve.Calls       Eve.Charge
Min.   : 1.0    Min.   :408.0    Min.   : 0.000   Min.   : 0.0    Min.   : 0.0    Min.   : 0.00    Min.   : 0.0    Min.   : 0.0    Min.   : 0.00
1st Qu.: 74.0    1st Qu.:408.0    1st Qu.: 0.000   1st Qu.:143.7    1st Qu.: 87.0    1st Qu.:24.43    1st Qu.:166.6    1st Qu.: 87.0    1st Qu.:14.16
Median :101.0    Median :415.0    Median : 0.000   Median :179.4    Median :101.0    Median :30.50    Median :201.4    Median :100.0    Median :17.12
Mean   :101.1    Mean   :437.2    Mean   : 8.099   Mean   :179.8    Mean   :100.4    Mean   :30.56    Mean   :201.0    Mean   :100.1    Mean   :17.08
3rd Qu.:127.0    3rd Qu.:510.0    3rd Qu.:20.000   3rd Qu.:216.4    3rd Qu.:114.0    3rd Qu.:36.79    3rd Qu.:235.3    3rd Qu.:114.0    3rd Qu.:20.00
Max.   :243.0    Max.   :510.0    Max.   :51.000   Max.   :350.8    Max.   :165.0    Max.   :59.64    Max.   :363.7    Max.   :170.0    Max.   :30.91
     Night.Mins     Night.Calls     Night.Charge     Intl.Mins      Intl.Calls     Intl.Charge     CustServ.Calls        no
Min.   : 23.2    Min.   : 33.0    Min.   : 1.040   Min.   : 0.00    Min.   : 0.000    Min.   :0.000    Min.   :0.000    Min.   :0.0000
1st Qu.:167.0    1st Qu.: 87.0    1st Qu.: 7.520   1st Qu.: 8.50    1st Qu.: 3.000    1st Qu.:2.300    1st Qu.:1.000    1st Qu.:0.0000
Median :201.2    Median :100.0    Median : 9.050   Median :10.30    Median : 4.000    Median :2.780    Median :1.000    Median :1.0000
Mean   :200.9    Mean   :100.1    Mean   : 9.039   Mean   :10.24    Mean   : 4.479    Mean   :2.765    Mean   :1.563    Mean   :0.9031
3rd Qu.:235.3    3rd Qu.:113.0    3rd Qu.:10.590   3rd Qu.:12.10    3rd Qu.: 6.000    3rd Qu.:3.270    3rd Qu.:2.000    3rd Qu.:1.0000
Max.   :395.0    Max.   :175.0    Max.   :17.770   Max.   :20.00    Max.   :20.000    Max.   :5.400    Max.   :9.000    Max.   :1.0000
       yes              no              yes
Min.   :0.00000    Min.   :0.0000    Min.   :0.0000
1st Qu.:0.00000    1st Qu.:0.0000    1st Qu.:0.0000
Median :0.00000    Median :1.0000    Median :0.0000
Mean   :0.09691    Mean   :0.7234    Mean   :0.2766
3rd Qu.:0.00000    3rd Qu.:1.0000    3rd Qu.:1.0000
Max.   :1.00000    Max.   :1.0000    Max.   :1.0000
```

8.5 快速构建一个深度神经网络

我们将属性和目标存储到用于训练样本的 x_train 和 y_train，以及用于测试集的 y_test 和 x_test 中。总共有 3 000 个观察值用于训练集，并且是随机选择没有替换的：

```
samples<-scale(as.matrix(samples))
rand_seed=2016
set.seed(rand_seed)

train<-sample(1:nrow(samples),3000,FALSE)
x_train=samples[train,]
y_train=target[train]

x_test=samples[-train,]
y_test=target[-train]
```

拟合模型

我们构建的模型包含两个隐藏层，第一个隐藏层中有 5 个节点，第二个隐藏层中有 3 个节点。软件包 deepnet 中的 nn.train 函数将为我们完成这项工作：

```
require(deepnet)
set.seed(rand_seed)
fit1<-nn.train(x=x_train,y=y_train,hidden=c(5,3),
activationfun="sigm",
output="sigm")
score1<-nn.predict(fit1,x_train)
```

S 型激活函数用于将非线性引入神经网络，隐藏层和输出层都会用到它。预测的概率存储在 R 对象 score1 中。

8.6 接收器操作特性曲线下的面积

为了评估拟合模型的性能，我们采用受试者工作特征曲线下方的面积大小（Area Under the Receiver Operating Characteristic Curve，AUC）。它采用了两个指标，即根据前面介绍的混淆表计算得出的特异性和灵敏度。

特异性（Specificity）是当实际结果为"No"时，模型预测为"否"（y=1）的频率的度量 。其计算公式如下：

$$特异性 = \frac{真阴性值}{总阴性值}$$

灵敏度（Sensitivity）或真阳性概率用于衡量当实际情况为"Yes"时，模型预测为"Yes"的频率如何。它的计算方式如下：

$$\text{灵敏度} = \frac{\text{真阳性值}}{\text{总阳性值}}$$

使用前面的数据，我们可以得到如下结果：

$$\text{特异性} = \frac{325}{350} = 0.928 \text{ 或 } 92.8\%。$$

而且：

$$\text{灵敏度} = \frac{450}{475} = 0.947 \text{ 或 } 94.7\%。$$

特异性和灵敏度通常通过受试者工作特征曲线（Receiver Operating Characteristic Curve，ROC）进行组合。ROC 曲线能够直观地衡量预测模型将数据划分为阳性和阴性的程度。图 8-3 的曲线图显示了完美拟合的 ROC 曲线。在这种情况下，灵敏度（特异性）对特异性（灵敏度）的所有可能范围的取值为 1。

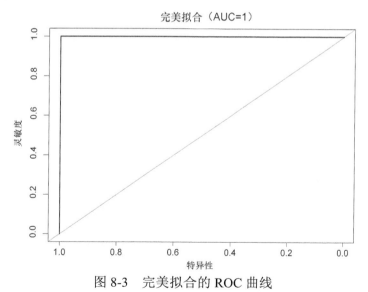

图 8-3　完美拟合的 ROC 曲线

相反的极端是模型并不比随机预测的效果更好。在这种情况下，如图 8-4 所示，ROC 曲线位于一条对角线上。随机预测因子通常用于评估潜在的模型基准。实际上，模型将在图 8-3 和图 8-4 中的某处产生 ROC 曲线。图 8-5 显示了一个典型的结果。注意，随着敏感度的增加，特异性会随之下降。

模型的总体准确度可以通过 ROC 曲线下的面积（AUC）来测量。面积为 1 表示完美拟合（见图 8-3），面积为 0.5 表示随机拟合（见图 8-4）。因此，AUC 用于衡量辨识能力，即模型正确分类阳性和阴性样本的能力。

> ✍ 温馨提示
> 接收器操作特性这一术语来自第二次世界大战期间的雷达图像分析。雷达操作员必须决定屏幕上的光点是否代表敌舰、友军海军舰船或商船，或者只是随机噪声。

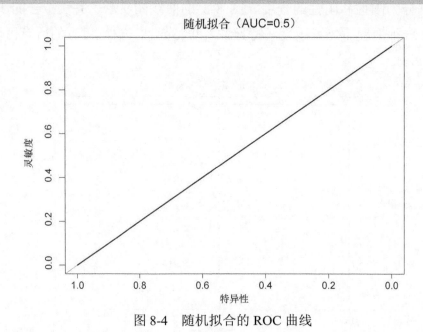

图 8-4　随机拟合的 ROC 曲线

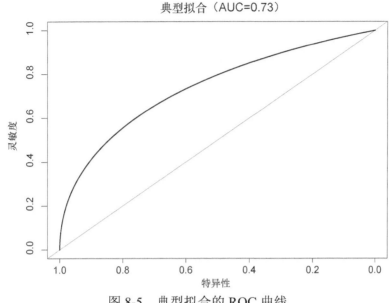

图 8-5 典型拟合的 ROC 曲线

我们可以使用 pROC 软件包来计算 fit1 的 AUC。

首先，我们将概率转换为[-1,+1]形式的值，然后调用 auc 函数：

```
pred1<-factor(ifelse(score1<0.5,"-1","+1"))
library(pROC)
auc(response=y_train,predictor=c(pred1))
Area under the curve:0.5
```

看起来我们的初始模型并不比 AUC 为 0.5 的随机预测更好。我们需要尝试一种替代性方案，但接下来该如何做呢？

8.7 Tanh 激活函数

尝试替换激活函数是改善表现不佳的深度神经网络性能最快的"技巧"之一。Tanh 激活函数是一种比较常见的选择，它采用的形式如下：

$$f(u) = \tanh(cu)$$

与 S 型（逻辑）激活函数类似，Tanh 函数也是 S 型的（"s"形），但是输出范围是-1~+1。由于它本质上是一个经过缩放的 S 型函数，所以 Tanh 函数具有很多相同的特性。但是，输出范围较宽（[-1,+1]，S 型函数的范围是[0,+1]），因此有时对复杂的非线性关系建模更有效。

如图 8-6 所示，与 S 型函数不同，Tanh 函数在零点周围是对称的——只有零值输入映射到近零值输出。此外，强阳性输入将映射到阴性输出。这些属性使得网络在训练期间不可能被"卡住"。

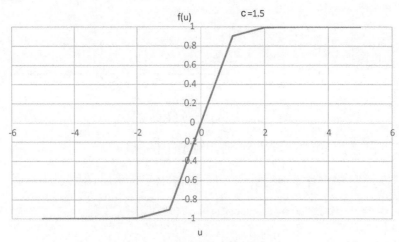

图 8-6 双曲线正切激活函数

尽管所有因素都支持 Tanh，但实际上并没有一个有利的结论可以证明，它是一个比 S 型激活函数更好的选择。我们能够做的就是通过实验进行检验[34]。

R 中的一个替代性激活函数

来看看如果用 Tanh 函数替换 S 型函数会发生什么：

```
set.seed(rand_seed)
fit2<-nn.train(x=x_train,y=y_train,
```

```
hidden=c(5,3),
activationfun="tanh",
output="linear")

score2<-nn.predict(fit2,x_train)
pred2<-factor(ifelse(score2<0,"-1","+1"))
auc(response=y_train,predictor=c(pred2))
Area under the curve:0.7381
```

S 型函数切换为 Tanh 函数后，性能显著提高。图 8-7 显示了最终的 ROC 曲线。

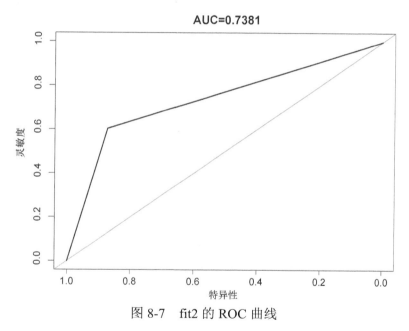

图 8-7 fit2 的 ROC 曲线

8.8 关于学习率

学习率通过梯度下降算法确定达到最小值的步骤多少。图 8-8 演示了一般的情况。使用较大的学习率，网络学习的速度也较快，较低的学习率使得找到最优值的时间也较长。

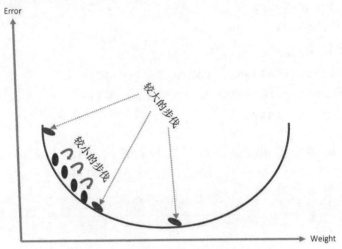

图 8-8 最大和最小学习率的优化

你可能希望知道为什么不把学习率设置为一个很高的值。如图 8-9 所示，如果学习率设置得过高，那么网络可能错过全局最小值，并且学习的效果不

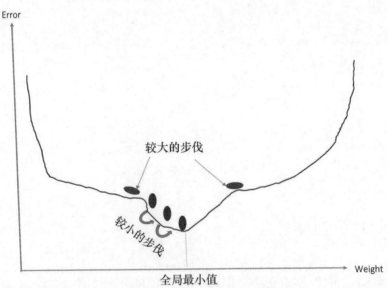

图 8-9 包含大的和小的学习率的误差表面

好，甚至没有效果。设置学习率被设计为一个迭代调整过程，在该过程中我们可以手动设置可能的最高值。

✍ 温馨提示

高学习率可以使系统根据目标函数进行扩展。选择的速率太低会导致学习缓慢。

选择最优值

通常，如果神经网络看上去学习速度很慢，最好先设置一个较小的值并逐渐增加。另一个经验是基于实验观察[35]：

"最佳的学习率通常接近（最大学习率的两倍），不会造成训练标准的偏差。从大的学习率开始，如果训练标准不一致，请再次尝试将学习率降到三分之一，直到没有观察到误差为止。"

✍ 温馨提示

对于许多问题，确定良好的学习率往往更像是一门艺术，而不是科学。

8.9 动量的完整直观指南

训练神经网络的迭代过程会一直持续到误差达到合适的最小值。如前所述，每次迭代所采取步骤的大小由学习速率控制。较大的步骤会缩短训练时间，但是会增加局部最小值代替全局最小值的可能性。另外一种可以帮助网络避开局部最小值的技术是采用一个动量值。它可以取 0~1 的某个值。它将之前权重更新的部分添加到当前权重中。

如图 8-10 所示，动量参数的较大值，比如 0.9，可以减少训练时间，并帮助网络避免获得局部最小值。

不过,将动量参数设置得过高可能会增加超过全局最小值的风险。如果将高学习率和大动量值结合起来将进一步加剧这一风险。不过,如果将动量参数设置得过低,则模型将缺乏足够的能量跳过局部最小值。

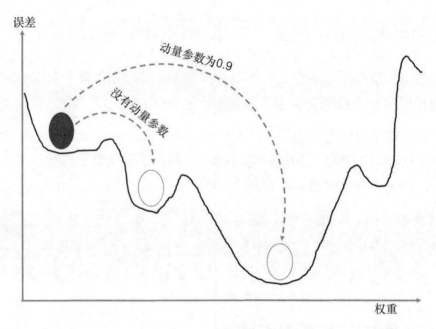

图 8-10   动量的好处

8.9.1 选择动量值

那么如何设定动量的最优值呢?尝试不同的值通常是很有帮助的。一个经验法则是在使用大动量值时,降低学习率。

比如,哥伦比亚的一个数据科学家小组开发了一种深度学习模型来预测哥伦比亚马尼萨莱斯中心地表的降雨量[36]。他们尝试了多种动量值(0.1、

0.3 和 0.9），并最终选择了一个高动量模型（0.9），这个模型的平均学习率为 0.3。

8.9.2　R 中的学习率和动量

nn.train 函数默认采用的学习率是 0.8，动量值是 0.5。在很多情况下，这些默认值是能够满足需求的。但是，要优化模型性能，应该考虑手动设定它们。为了说明潜在的好处，让我们重新调整 DNN 模型。但是这次将采用相对高的动量值 0.98 和中等学习率 0.27。这可以通过向 nn.train 函数添加 momentum 和 learningrate 参数实现。具体操作如下：

```
set.seed(rand_seed)
fit3<-nn.train(x=x_train,y=y_train,
hidden=c(5,3),
momentum=0.98,
learningrate=0.27,
activationfun="tanh",
output="linear")
```

现在来看看 AUC：

```
score3<-nn.predict(fit3,x_train)
pred3<-factor(ifelse(score3<0,"-1","+1"))
auc(response=y_train,predictor=c(pred3))
Area under the curve:0.7618
```

AUC 略高于 fit2，如图 8-11 所示。好消息是，指定特定的动量和学习率似乎有助于提高训练集的性能，尽管在这种情况下的改善非常有限。

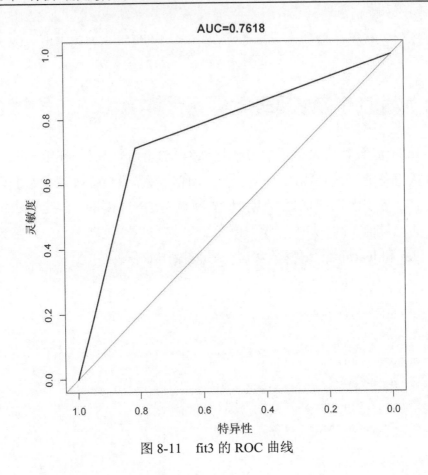

图 8-11 fit3 的 ROC 曲线

8.10 不平衡类的问题

在很多教科书中，你通常会看到使用尺寸大致相同的类构建的分类模型。实际应用中这种情况是相对比较少见的。大多数分类数据集的每个类别中并没有包含数量几乎相同的样本数据。在应用实践中，存在类别不平衡的情况不只很普遍，而且符合预期。比如，在金融交易数据中，由于欺诈交易而产生了一个明显的异常。然而，绝大多数交易将处于"正常"的范围，只有交易总量中的极少部分将被标记为潜在"可疑"的。在互联网营销数据库中，只有一小部分广告点击最终会导致售出商品。在高精度工艺制造工厂中，自动检测仪器可能会检测到极少部分存在缺陷的产品。在上述所有示例中，少数类别通常也是用户感兴趣的类别。

> ✍ **温馨提示**
>
> 不平衡分类问题发生在一个类（或多个类）超过其他类或类所占很大比例的情况下。

重新审视用户流失数据

大多数情况下，类之间的细微差异并不重要，但是当数据非常不平衡时，分类问题有时就会变得非常棘手。这是因为深度神经网络可能没有足够的关于少数派类别的相关信息，以便可以像多数派类别那样做出精确预测。在统计学语言中，分类算法的表现对于少数派类别是存在偏见的。严重不平衡类别的样本可能导致深度神经网络的性能表现不佳。

接下来看看我们的客户流失数据集的响应变量：

```
summary(as.factor(target))
-1      1
2850   483
```

显然这是一个不平衡样本的示例。类"-1"的样本几乎是类"+1"的6倍。

来看看 fit3 的混淆矩阵：

```
table(y_train,pred3)

       pred3
y_train   -1    +1
     -1 2077   482
```

```
1   127   314
```

这个训练样本由类 "–1" 的 2 077+482=2 559 个样本以及类 "+1" 的 127+314=441 个样本组成。这是一个不平衡类样本的典型例子。仔细观察混淆矩阵，我们可以得到：

（1）总体的准确度是 $\dfrac{2\,077+314}{3\,000}=0.797$ 或者 79.7%。

（2）对于 $y=-1$，模型的准确度为 $\dfrac{2\,077}{[2\,077+482]}=0.811\,6$ 或 81.16%。

（3）对于 $y=1$，模型的准确度为 $\dfrac{314}{[127+314]}=0.712\,0$ 或 71.2%。

很明显，这个模型在每个类上的表现是不同的。

对于不平衡的数据，通常会重新记录每个类别的准确度。它被计算为每个类别的平均准确度：

$$每种类别的精确度=\dfrac{0.811\,6+0.712\,0}{2}=0.761\,8$$

这个值略小于准确性指标。

8.11 一种易用的不平衡类解决方案

有多种方法可以尝试绕过与不平衡数据建模相关的问题。大多数方法的核心思想是通过数据采样来平衡数据集。数据采样通过添加或删除样本来转换数据集，以实现更平衡的类别占比[37]。有时这可以帮助提高少数派类别的性能。

一种流行的技术是对低权重的类进行上采样或过采样。在这种方法中，低权重的类的额外样本会被添加到数据集中。另外一个方法是从高权重的类中删除样本来降低权重。无论哪种方式，其目的都是改变类之间的相对频率，使它们更平衡。

> ✍ **温馨提示**
>
> 处理类不平衡的两种基本方法是：
>
> （1）欠采样——删除大多数类别的样本；
>
> （2）过度采样——向少数类别添加样本。

8.11.1　unbalanced 软件包

为了说明这些思路，继续以我们的客户流失数据为例，我们过度抽样了少数派类别的样本。unbalanced 软件包为我们提供了必需的工具。因此，首先让我们以适当的形式设置响应和属性变量：

```
output<-as.factor(y_train)
levels(output)[levels(output)=="-1"]<-"0"
input<-x_train
```

上述代码将 y_train 中的目标变量转化为一个因子，并将这些属性放置在 R 对象 input 中。

接下来，我们创建过采样的数据：

```
set.seed(rand_seed)
library(unbalanced)
oversample<-ubOver(X=input,Y=output,k=1.93)
newx_train=oversample$X
newy_train=oversample$Y
```

以下是上述代码中需要着重强调的要点：

（1）现在前几条语句对你来说应该不陌生了，这些语句是为了确保可重现性并加载适当的 R 软件包。

（2）第三条语句调用 ubOver 函数。它随机地从少数派类别中复制样本。它将属性、响应变量和 *k* 作为参数，从而定义采样方法。

（3）如果 *k*=0，那么 unOver 将对少数派类别进行替换抽样，直到每个类别中的样本数量一样为止。对于 *k*>0，算法将从少数派类别中替换样本，直到样本数量达到原来少数派类别样本数量的 *k* 倍。

在我们的示例中，进行抽样直到样本数量达到少数派类别原有样本数量的 1.93 倍为止（*k*=1.93）。要在训练集中看到这样的结果，我们可以进行如下操作：

```
summary(as.factor(y_train))
  -1     1
2559   441
```

所以在少数派类别中共有 441 个样本。现在，对于重新采样的数据，我们得到如下结果：

```
summary(newy_train)
   0     1
2559   851
```

现在少数派类别中的样本数量是原来的 1.93 倍。

8.11.2　运行模型

接下来，我们需要将 newy_train 转换为适合 nn.train 使用的格式。这只需要将一个因子转换为另外一个矩阵。相关代码如下：

```
levels(newy_train)[levels(newy_train)=="0"]
```

```
        <-"-1"
adjy_train<-as.numeric(levels(newy_train))[
    newy_train]
adjy_train<-as.matrix(adjy_train)
```

我们已经准备好运行该模型。为了方便演示，我们保留了 fit3 中使用的所有参数设置：

```
set.seed(rand_seed)
fit4<-nn.train(x=newx_train,y=adjy_train,
hidden=c(5,3),
momentum=0.98,
learningrate=0.27,
activationfun="tanh",
output="linear")
```

同时考虑了性能指标：

```
score4<-nn.predict(fit4,x_train)
pred4<-factor(ifelse(score4<0,"-1","+1"))
auc(response=y_train,predictor=c(pred4))
Area under the curve:0.7694
```

总体而言，曲线下的面积与 fit3 类似。

> ✍ 温馨提示
> 使用过度采样或欠采样时应谨慎，因为类频率会影响决策边界。如果过度校正训练样本中的类别不平衡，测试样本的实际表现可能是恶化的。

8.11.3 选择模型

关键的问题是我们应该偏爱 fit4 胜过 fit3 吗？那么，在这种情况下，曲线下的面积就很接近了，所以我们来看一下混淆矩阵：

```
table(y_train,pred4)
```

```
         pred4
y_ train   -1    +1
      -1 1994   565
       1  106   335
```

通过混淆矩阵，我们可以看到：

（1）对于 $y=-1$，模型的准确度为 $\dfrac{1994}{1994+565}=0.779\,2$；

（2）对于 $y=1$，模型的准确度为 $\dfrac{335}{106+335}=0.759\,6$。

很明显，每个类的表现比 fit3 更平衡，每个类的准确度是：

$$每种类别的精确度 = \frac{77.92\% + 75.96\%}{2} = 76.94\%$$

所以每个类的准确度和 fit4 相比更高。不过，fit3 和 fit4 之间似乎存在类别准确度的折中。在重采样模型中，大多数类别的准确度相对较低（fit4 为 77.92%，fit3 为 81.16%），而少数派类别的准确度相对较高（fit4 为 75.96%，fit3 为 71.2%）。

8.11.4　每种模型的测试集性能

最后，让我们看看本章开发的所有模型是如何在测试集上执行的。首先是 fit1：

```
score1_test<-nn.predict(fit1,x_test)
pred1_test<-factor(ifelse(score1_test<0,"-1","+1"))
```

```
auc(response=y_test,predictor=c(pred1_test))
Area under the curve:0.5
```

正如我们所料，fit1 的结果基本上不会比随机预测好。对于 fit2，我们可以看到：

```
score2_test<-nn.predict(fit2,x_test)
pred2_test<-factor(ifelse(score2_test<0,"-1","+1"))
auc(response=y_test,predictor=c(pred2_test))
Area under the curve:0.71
```

显然，Tanh 激活函数的使用提高了 fit1 的性能。

fit3 的结果如下：

```
score3_test<-nn.predict(fit3,x_test)
pred3_test<-factor(ifelse(score3_test<0,"-1","+1"))
auc(response=y_test,predictor=c(pred3_test))
Area under the curve: 0.7555
```

手动设置动量和学习率似乎能够大幅提升测试集的性能。

最后，来看看 fit4 的表现：

```
score4_test<-nn.predict(fit4,x_test)
pred4_test<-factor(ifelse(score4_test<0,"-1","+1"))
auc(response=y_test,predictor=c(pred4_test))
Area under the curve:0.7297
```

在这个例子中，似乎重抽样的性能和 fit3 的表现很接近。

8.12 实践出真知

以下是两种有益的思路。

（1）实验多种动量、学习率和低/过采样率，然后看看这些因素对训练集性能的影响如何。

（2）性能可能会受到测试和训练集划分方式的影响。尝试替换训练和测试集样本的划分方式。看看这样做对性能有何影响。第 12 章将讨论交叉验证的作用，它会作为构建更强大深度学习模型设计策略的一部分。

8.13 参考资料

[31] 参阅 David Skok 的文章《创业杀手：获得客户的成本》（Startup Killer: the Cost of Customer Acquisition）。

[32] 进一步的详情，可以参见：

- C. B. Bhattacharya 的文章《当客户成为会员：顾客享有付费会员的待遇》（When customers are members: customer retention in paid membership contexts）；

- E. Rasmusson 的文章《投诉可以建立关系》（Complaints Can Build Relationships）；

- M. Colgate、K. Stewart 和 Kinsella 的文章《客户流失：对爱尔兰学生市场的研究》（Customer defection: a study of the student market in Ireland）；

- A. D. Athanassopoulos 的文章《客户满意度信息支持市场细分和解

释选择行为》（Customer Satisfaction Cues To Support Market Segmentation and Explain Switching Behavior）。

[33] 有关客户流失成本的进一步详情，可以参阅：

- Kisioglu、Pınar 和 Y. Ilker Topcu 的文章《将贝叶斯信息网络应用于客户流失分析：土耳其电信行业的案例研究》（Applying Bayesian Belief Network approach to customer churn analysis: A case study on the telecom industry of Turkey）；

- Keaveney、M. Susan 的文章《服务业中的客户转换行为》（Customer switching behavior in service industries An exploratory study）。

[34] 有关更详细的讨论，可参见 Simard、Y. Patrice 等的文章《模式识别中的转换不变性——切线距离和切线传播》（Transformation invariance in pattern recognition—tangent distance and tangent propagation）。

[35] 参见 Bengio 和 Yoshua 的文章《深层架构渐变应用训练的实用建议》（Practical recommendations for gradient-based training of deep architectures）。

[36] 参见 Palanca、Javier 和 Néstor Duque 的文章《降雨预测：深度学习方法》（Rainfall Prediction: A Deep Learning Approach）。

[37] 有很多数据抽样的方法，每种都有自己的优缺点。作为比较，参见 Dittman、J. David 等的文章《不平衡生物信息学数据的数据抽样方法比较》（Comparison of Data Sampling Approaches for Imbalanced Bioinformatics Data）。

第 9 章
产品需求预测

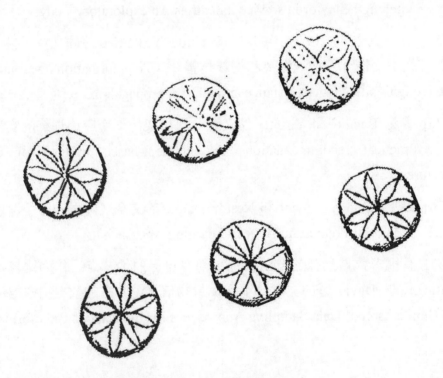

数据科学是由一系列的失败和偶尔的成功组成的。

——N. D.Lewis

　　了解客户需求是零售、制造和物流等领域能够成功的关键因素。如果不能很好地理解未来的需求，就很难高效地规划人员配置、存储、产品和服务可用性。基本理念是，如果能准确预测需求，就可以准备好供应。准确的预测可以帮助企业更好地服务客户需求，管理成本，从而提高整体效率。

　　需求预测范围很广，从非常规方法，如受教育程度预测，到复杂的统计模型。这是企业面临的挑战之一。在本章中，我们开发了一个深度神经网络来预测自行车共享系统的需求。

9.1　自行车共享系统

　　新一代的自行车共享系统已经在全球各大城市变得非常普遍。从英国的伦敦到美国得克萨斯州的奥斯汀，这一浪潮已经引起了大家的关注。现代自行车共享系统允许用户在某个地方租赁自行车，然后在另外一个地方归还。

　　第一代自行车共享系统于 1965 年在荷兰的阿姆斯特丹开始运营。它被称为免费自行车系统，因为它的自行车是不上锁的，并且免费提供给大众使用。丹麦早在 1993 年就推出了第二代产品，它需要用户通过硬币投币机支付押金。投币机的另外一个好处是，用户可以在城市中的不同地点租用和归还自行车。到 1996 年，英国引入了第三代系统。该系统采用了很多高新技术——支持智能卡和移动电话访问。第四代系统是全自动的。这些车站能够确保一周 7 天的任何时候都为用户提供租车服务。图 9-1 演示了得克萨斯州奥斯汀的自行车共享系统。

　　骑自行车具有明显的健身、环保和经济效益。鼓励大家骑行并提供必要的基础设施，可以帮助缓解机动车拥堵。毫无疑问，经常锻炼对人们的身心健康有着重大的影响。研究人员发现，骑自行车可以延缓过早死亡，降低心血管疾病和癌症这两大杀手的风险。它还为改善不良情绪提供了实质性的益处。

图 9-1 得克萨斯州奥斯汀市的自行车共享系统

✍ 温馨提示

得克萨斯州奥斯汀的自行车共享系统被称为"Austin B-cycl",它于 2013 年 12 月推出。

数字华盛顿自行车系统

自行车道沿线的商家,甚至运营商本身都希望能够轻松地预测每日的需求量。我们建立了一个深度神经网络来预测华盛顿自行车共享系统自行车的日常需求量。

✍ 温馨提示

在华盛顿特区自行车共享系统中,乘客和游客可以沿着白宫和美国国会大厦之间的特殊市场化车道行驶,这条车道由 100 多英里(1 英里约为 1.6 千米)的自行车道和横贯美国首都多条小径一起组成。

9.2 数据样本的分布和相关性

我们在分析中采用的数据可以从 uci 机器学习库[38]中获得。

首先，在希望下载数据的计算机上指定数据存储位置：

```
loca="C:/Bike_share"
setwd(loca)
```

接下来，从互联网上下载数据，解压 BikeSharingDataset.zip 文件，解析 day.csv 中的数据并写入到 R 对象 dataset：

```
urlloc="http://archive.ics.uci.edu/ml/
    machine-learning-databases/00275/Bike-Sharing-Dataset.zip"

download.file(urlloc,destfile="BikeSharingDataset.zip",method
="libcurl")

unzip("BikeSharingDataset.zip")
dataset<-read.table("C:/Bike_share/day.csv",sep=",",skip=0,
header=T)
```

我们使用 str 函数获得数据的摘要信息：

```
str(dataset)
```

```
'data.frame':   731 obs. of  16 variables:
 $ instant   : int  1 2 3 4 5 6 7 8 9 10 ...
 $ dteday    : Factor w/ 731 levels "2011-01-01","2011-01-02",..: 1 2 3 4 5 6 7 8 9 10 ...
 $ season    : int  1 1 1 1 1 1 1 1 1 1 ...
 $ yr        : int  0 0 0 0 0 0 0 0 0 0 ...
 $ mnth      : int  1 1 1 1 1 1 1 1 1 1 ...
 $ holiday   : int  0 0 0 0 0 0 0 0 0 0 ...
 $ weekday   : int  6 0 1 2 3 4 5 6 0 1 ...
 $ workingday: int  0 0 1 1 1 1 1 0 0 1 ...
 $ weathersit: int  2 2 1 1 1 1 2 2 1 1 ...
 $ temp      : num  0.344 0.363 0.196 0.2 0.227 ...
 $ atemp     : num  0.364 0.354 0.189 0.212 0.229 ...
 $ hum       : num  0.806 0.696 0.437 0.59 0.437 ...
 $ windspeed : num  0.16 0.249 0.248 0.16 0.187 ...
 $ casual    : int  331 131 120 108 82 88 148 68 54 41 ...
 $ registered: int  654 670 1229 1454 1518 1518 1362 891 768 1280 ...
 $ cnt       : int  985 801 1349 1562 1600 1606 1510 959 822 1321 ...
```

数据帧由 731 个观察值和 16 个变量组成。这里值得注意的有以下几点：

（1）instant 和 dteday 对象分别表示标识和日期变量。接着是季节，其值为：1——春季，2——夏季，3——秋季，4——冬季。

（2）收集了超过两个日历年的数据——yr（2011=0；2012=1）。属性 month 的取值范围从 1（1 月）~12（12 月）；holiday 是一个二元属性，如果有问题的日期属于节假日，那么其值为 1。属性 weekday 和 workingday 分别表示周末和工作日。

（3）天气属性包括 weathersit，接收 4 个值（1——晴，2——有雾，3——小雪/雨，4——大雨/雪）。temp、atemp、hum 和 windspeed 这组变量用于测量标准化温度、标准化空气温度、标准化湿度和正常风速。图 9-2 是这些变量之间的相关性曲线。

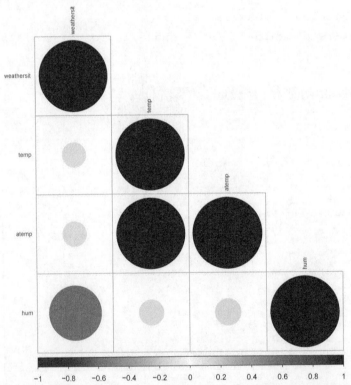

图 9-2 temp、atemp、hum 和 windspeed 之间的相关性图表

（4）自行车共享系统使用的实际自行车数量存放在变量 registered 中，而 causal 表示临时用户数目，cnt 是正式用户和临时用户的总和。

9.2.1 目标变量

我们的目标是构建一个模型来预测 registered（已注册用户）的值。图 9-3 显示了目标变量的直方图。它的中位数是 3 656，最小值为 20，最大值为 6 946。

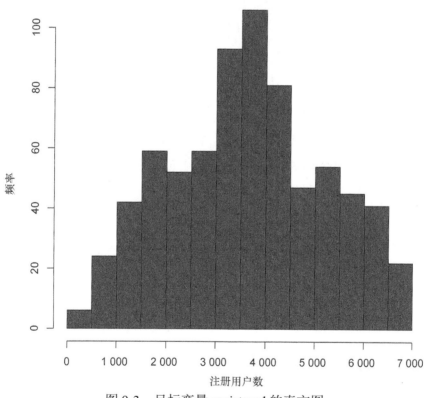

图 9-3 目标变量 registered 的直方图

9.2.2 预备属性

我们将不会用到所有属性。因此，我们的第一个任务是删除样本中的 instant、casual 和 cnt 属性：

```
dataset[1]<-NULL
dataset$casual<-NULL
dataset$cnt<-NULL
dataset$yr<-NULL
```

现在我们需要将剩下的整数转换为因子。为此，将需要用到 nnet 软件包中的 class.ind 函数。我们从当年的季节入手：

```
require(nnet)
season<-class.ind(dataset$season)
colnames(season)=c("spring","summer","winter","fall")
```

第二条语句将季节转换为一个数据帧，其中 4 列存储到 R 对象 season 中。第三条语句添加适当的列名。来看看新创建的 R 对象 season 中的前几个观测值——你应该看到如下内容：

```
head(season)
  spring  summer  winter  fall
1      1       0       0     0
2      1       0       0     0
3      1       0       0     0
4      1       0       0     0
5      1       0       0     0
6      1       0       0     0
```

month、weekday 和 weather 变量可以使用类似的方法进行转换：

```
month<-class.ind(dataset$mnth)
colnames(month)=c("jan","feb","mar",
```

```
"april","may","jun","jul",
"aug","sep","oct","nov","dec")
```

```
weekday<-class.ind(dataset$weekday)
colnames(weekday)=c("sun","mon","tue","wed","thu","fri","sat")
weather<-class.ind(dataset$weather)
colnames(weather)=c("clear","mist","light")
```

注意，在一段时间内，数据没有记录任何暴雨/雪，因此用于表示天气的只有 3 类（晴天，雾，晴间多云）。

下一步是为剩下的属性创建单独的 R 对象：

```
holiday<-as.data.frame(dataset$holiday)
colnames(holiday)=c("holiday")
```

```
workingday<-as.data.frame(dataset$workingday)
colnames(workingday)=c("workingday")
```

```
temp<-as.data.frame(dataset$temp)
colnames(temp)=c("temp")
```

```
atemp<-as.data.frame(dataset$atemp)
colnames(atemp)=c("atemp")
```

```
hum<-as.data.frame(dataset$hum)
colnames(hum)=c("hum")
```

```
windspeed<-as.data.frame(dataset$windspeed)
colnames(windspeed)=c("windspeed")
```

现在我们已经准备好所有数据，接下来会把各个 R 对象整合成一个名为 sample 的数据帧：

```
sample<-cbind(season,month,holiday,weekday,workingday,weather,
temp,atemp,hum,windspeed)
```

9.2.3 属性规范化

在训练神经网络之前，将数据规范化是一种很好的做法。虽然也有例外情况，但未被规范化的属性可能会导致较差的预测性能和很慢的训练过程。在达到允许的最大迭代次数之前，算法通常无法收敛。

如前所述，可以选择不同方法来缩放数据。通常在区间[0,+1]或[-1,+1]中进行缩放会产生良好的效果。

据我所知，规范化属性的最佳方法并没有固定的准则。它似乎与数据有关。我们采用 scale 函数来标准化属性，使其均值为 0、方差为 1：

```
sample <-scale(sample)
```

接下来，将样本和目标变量组合成 R 对象 data：

```
target<-as.matrix(dataset$registered)
colnames(target)<-c("target")
data<-cbind(sample,log(target))
data<-as.data.frame(data)
```

来看看合并后 data 中的前几行记录：

```
head(data,3)
```

```
     spring     summer     winter       fall       jan        feb        mar
1 1.741987 -0.5795861 -0.588006 -0.5669571 3.282615 -0.2906098 -0.3042184
2 1.741987 -0.5795861 -0.588006 -0.5669571 3.282615 -0.2906098 -0.3042184
3 1.741987 -0.5795861 -0.588006 -0.5669571 3.282615 -0.2906098 -0.3042184
       april        may        jun        jul        aug        sep        oct
1 -0.2988251 -0.3042184 -0.2988251 -0.3042184 -0.3042184 -0.2988251 -0.3042184
2 -0.2988251 -0.3042184 -0.2988251 -0.3042184 -0.3042184 -0.2988251 -0.3042184
3 -0.2988251 -0.3042184 -0.2988251 -0.3042184 -0.3042184 -0.2988251 -0.3042184
         nov        dec    holiday        sun        mon        tue        wed
1 -0.2988251 -0.3042184 -0.1718633 -0.4092703 -0.4092703 -0.4069918 -0.4069918
2 -0.2988251 -0.3042184 -0.1718633  2.4400305 -0.4092703 -0.4069918 -0.4069918
3 -0.2988251 -0.3042184 -0.1718633 -0.4092703  2.4400305 -0.4069918 -0.4069918
         thu        fri        sat workingday      clear       mist      light
1 -0.4069918 -0.4069918  2.4400305 -1.4702181 -1.3134872  1.3988687 -0.1718633
2 -0.4069918 -0.4069918 -0.4092703 -1.4702181 -1.3134872  1.3988687 -0.1718633
3 -0.4069918 -0.4069918 -0.4092703  0.6792407  0.7602906 -0.7138855 -0.1718633
        temp      atemp        hum  windspeed     target
1 -0.8260965 -0.6794808  1.2493159 -0.3876263 6.483107
2 -0.7206013 -0.7401455  0.4787852  0.7490888 6.507278
3 -1.6335382 -1.7485698 -1.3383576  0.7461210 7.113956
```

9.2.4 训练集

对于训练集，我们将采用 700 个观测值：

```
rand_seed=2016
set.seed(rand_seed)
train<-sample(1:nrow(data),700,FALSE)
```

9.3 自动化公式生成

很多 R 函数会使用 R 公式语法指定拟合的统计模型的形式。这种公式的基本格式是：

$$response \sim attribute_1 + attribute_2 + \cdots + attribute_n$$

符号（~）表示"被建模为某个函数"。

本章我们构建的深度神经网络模型是通过 neuralnet 软件包中的 neuralnet 函数构建的。它需要使用 R 公式语法来指定目标和属性。由于我们有大量的属性，所以创建了一个名为 formu 的函数来完成一些重复性的工作，同时为我们创建 R 公式：

```
formu<-function(y_label,x_labels){
    as.formula(sprintf("%s~%s",y_label,
        paste(x_labels,collapse="+")))
}
```

上述代码只是简单地接收目标和属性标签并创建 R 公式语法。以下是如何使用它来生成公式：

```
f<-formu("target",colnames(data[,-33]))
```

公式存储在 f 中，下面内容就是你将看的的结果：

```
f
target~spring+summer+winter+fall+
    jan+feb+mar+
    april+may+jun+jul+aug+sep+
        oct+nov+dec+holiday+
    sun+mon+tue+wed+thu+fri+sat
        +workingday+clear+
    mist+light+temp+atemp+hum+
        windspeed
```

上述代码很长！所以我认为你会同意创建和使用诸如 formu 这样的函数是很有意义的。

9.4 弹性反向传播解密

在训练过程中，神经网络通过学习算法拟合数据。neuralnet 软件包既可以使用普通的反向传播算法，也可以使用弹性反向传播算法[39]，与使用单一的学习率相反，弹性反向传播（Resilient Backpropagation，RPROP）为每个权重和乖离率使用单独的权重增量。在训练过程中，这些增量会被更新。但是只有偏导数的符号是用于更新权重的。其思路是，该符号表示权重更新的总体方向。符号的变化表示更新值过大，算法可能错过了最小值。通过这种方式，RPROP 尝试学习过程适配错误格式的拓扑结构。

基本思想大致如图 5-2 所示。如果偏导数为负号，那么权重将增加（见图 5-2a）。如果偏导数为正，那么权重会减小（见图 5-2b）[40]。

该方法的一个优点是，你无需为这个训练过程预先指定学习率。正如一些专家指出的那样[41]：

"除了快速收敛，RPROP 的主要优势之一是，对于许多问题，根本不需要选择任何参数来获得最佳或至少接近最佳的收敛时间。"

✍ **温馨提示**

与传统的具有 sigmoid 激活函数的反向传播不同，RPROP 学习，具有消失梯度问题，它在整个网络中均匀分布。所有权重都有相同的机会从基础数据中成长和学习。

9.5 奥卡姆剃刀法则的解释

在我上研究生的第一次讲座中，博学多识的数学系教授和我们分享了测度论的内部工作机制，他是以如下文字开始的："Lex parsimoniae. Entia non sunt multiplicanda praeter necessitatem.”

大致的意思如下：

“简约法则。如无必要，勿增实体。”

该理念就是著名的奥卡姆剃刀法则。它是以纪念中世纪晚期的学者威廉·奥卡姆而命名的。

以下是奥卡姆剃刀法则和数据科学关系的阐述。

- 如果一组较少的属性能够使得观察结果足够好，那么就用这些属性。避免“叠加”额外的属性，从而改善模型的适用性。
- 选择需要最少假设条件的建模方法。
- 只保留那些与假设预测有明显差异的假设子集。
- 在选择用于解释某个现象的假设时，通常最好从最简单的一个开始。
- 如果两个或多个模型具有相同的预测精度，选择最简单的模型。

所以现在你将看到奥卡姆剃刀法则是如何作为深度神经网络模型构建活动的指导原则的。它建议在如何给定的模式中采取最简洁的选择，并希望它在大多数时候是正确的选择。

作为一个经验法则，奥卡姆剃刀法则的优点在于，它巧妙地捕捉到了这样的想法：在构建决策模型时，你应该尝试找到能够提供数据描述的最小属性。

9.6　如何使用奥卡姆剃刀法则

我们初始的模型规格将非常小。如图 9-4 所示，它由两个隐藏层组成。第一个隐藏层只有 1 个节点，第二个隐藏层有 3 个节点。

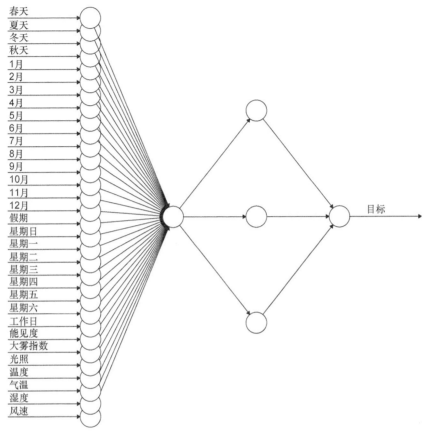

图 9-4　初始的自行车共享系统深度神经网络模型

基本模型

通过 neuralnet 软件包构建的深度神经网络相当简单。以下是最初的模型规范：

```
require(neuralnet)
set.seed(rand_seed)
fit1<-neuralnet(f,
data=data[train,],
```

```
hidden=c(1,3),
algorithm="rprop+",
err.fct="sse",
act.fct="logistic",
threshold=0.01,
rep=1,
linear.output=TRUE)
```

上述大部分内容对于你来说，应该已经很熟悉了。但是，有以下几点需要注意。

（1）传递给函数的第一个参数是 f 中包含的模型公式。这是被拟合模型的特征性描述。然后是 data，数据帧中包含公式中指定的变量。

（2）hidden 参数用于控制每个隐藏层中节点的数量。

（3）algorithm 参数表示可以使用不同算法的数量。通过声明 algorithm = "rprop+"，可以选择支持回溯的弹性反向传播算法。顺便说一句，如果你希望使用普通的反向传播算法，那么需要设置 algorithm = "backprop"来实现。如果你使用了这个选项，还需要指定一个学习率（learningrat=0.01）。

（4）err.fct 是误差函数，你可以在平方误差总和（err.fct = "sse"）与交叉熵（err.fct = "ce"）之间进行选择。

（5）还需要指定激活函数的类型。我们选择一个逻辑（sigmoid）激活函数。还通过设置 act.fct = "tanh"让该函数采用 Tanh 函数。

（6）参数 threshold 被用作一个停止条件。它用于指定误差函数偏导数的阈值。neuralnet 函数在梯度下降过程中使用整个训练样本，计算梯度，更新权重，循环往复直到达到收敛（由 threshold 定义）或 stepmax（用于训练神经网络的最大步数）。stempmax 的默认值是 1e+05。

（7）输出节点受参数 linear.output 的影响。对于回归问题，通常将其设置为 TRUE；对于分类问题，通常将其设置为 FALSE。

> **✍ 温馨提示**
>
> 可以传递给 algorithm 参数的其他可能值包括 rprop-、sag 或 slr。参数 rprop +和 rprop-指的是有和没有权重回溯的有效反向传播；sag（最小的绝对导数）和 slr（最小学习率）是指通常称为 grprop 的修改后的全局收敛算法。

9.7 确定性能基准的简单方法

我们使用均方误差（MSE）和 R-平方拟合优度来评估模型。理想情况下，为了完美拟合，MSE 将等于 0，R-平方等于 1。预测结果是通过 compute 函数获得的，同时加载 Metrics 软件包是为了计算 MSE：

```
scores1<-compute(fit1,data[train,1:32])
pred1<-scores1$net.result

y_train=data[train,33]
require(Metrics)

round(mse(pred1,y_train),4)
[1] 0.1199

round(cor(pred1,y_train)^2,4)
       [ ,1]
[1 ,] 0.6245
```

总体而言，该模型的 MSE 约为 0.12，R-平方为 0.62。这些数字将成为我们替代模型比较的基准。

9.8 重新训练一个替代模型

简约模型可能是一个有价值的目标，但它不是总能实现的目标。让我们设定一个稍大些的模型，这次第一层有 5 个节点，第二层有 6 个节点，如图 9-5 所示。

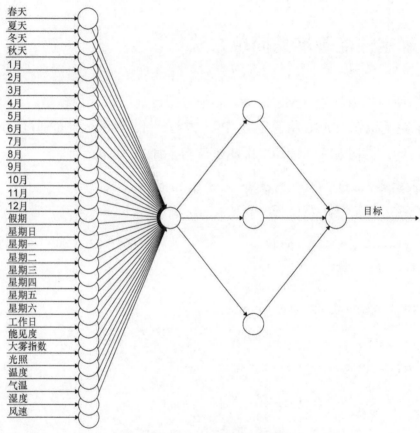

图 9-5 另一种自行车共享模型

```
set.seed(rand_seed)
fit2<-neuralnet(f,
```

```
data=data[train,],
hidden=c(5,6),
algorithm="rprop+",
err.fct="sse",
act.fct="logistic",
threshold=0.01,
rep=1,
linear.output=TRUE)
```

　　下面看一下训练集的性能统计：

```
scores2<-compute(fit2,data[train,1:32])
pred2<-scores2$net.result

round(mse(pred2,y_train),4)
[1] 0.051

round(cor(pred2,y_train)^2,4)
        [ ,1]
[1 ,] 0.8401
```

稍微复杂一些的模型具有更好的统计数据。

9.9　如何选择重复的次数

　　你可能已经注意到，neuralnet 函数有一个 rep 参数，我们将其设置为 1。这将控制训练过程的重复次数。回想一下，由于网络权重和乖离率的随机初始化，创建神经网络存在一些固有的随机性。设置 rep>1 将创建并拟合模型的多个实例，每个实例都有一组不同的随机起始权重。这很有用，因为不能保证算法会收敛到适当的低训练误差。它可能会收敛到局部最优或无限期震荡。

重复运行多次可以帮助避免局部最优化问题，评估模型如何执行多个起始权重，并测量它在多次迭代中卡住的频率，以及在最大迭代次数之内无法收敛到解决方案的频率。

让我们看看如果将迭代次数增加到 10 之后会发生什么：

```
set.seed(rand_seed)
fit3<-neuralnet(f,
data=data[train,],
hidden=c(5,6),
algorithm="rprop+",
err.fct="sse",
act.fct="logistic",
threshold=0.01,
rep=10,
linear.output=TRUE)
```

你几乎马上就会注意到，此 R 代码需要执行一段时间才能完成。这是因为它评估了 10 个模型，rep 中数字表示模型的数量，每个模型都有自己的一组起始权重。一旦执行完毕，你会得到一个像以下的消息：

```
Warning message:
algorithm did not converge in 3 of 10
    repetition(s)within the stepmax
```

上述信息是通知你，在 10 次重复中，有 3 例模型未能收敛。这是神经网络的典型特征。通常最初的权重和乖离率是这样的，即模型或者陷入局部极小或者简单地不能收敛。

9.9.1 一个问题和一个答案

一个显而易见的问题是应该指定多少次重复？它取决于很多因素，包括样本数据的特征、网络拓扑结构、激活函数、采用的学习算法，甚至网络设计用于解决任务的可接受误差阈值。

在某些情况下，设置 rep=10 就足够了；在其他情况下，设置 rep=1 000 可能也不够。当然，某些网络从不学习。这可能是因为样本中没有包含足够的信息来捕获目标变量的动态。或者可能样本量太小而无法完成学习。最后，数据科学取得成功的关键是大量的实验——这对于为特定问题选择模型重复次数是正确的。

9.9.2 查看多次重复的性能

其余的模型是如何执行的？首先，使用 compute 函数来获取预测值：

```
scores3<-compute(fit2,data[train,1:32])
```

10 个模型的执行结果存储在 fit3$net.result[model_i]参数中。希望看第一个模型的结果（rep=1），只需输入下列代码：

```
pred3_1=as.data.frame(fit3$net.result[1])
round(mse(pred3_1[,1],y_train),4)
[1] 0.051

round(cor(pred3_1[,1],y_train)^2,4)
[1] 0.8401
```

正如你预期的那样，我们观察到的与 fit2 的结果完全一样。

对于第二个模型(rep=2)，我们有：

```
pred3_2=as.data.frame(fit3$net.result[2])

round(mse(pred3_2[,1],y_train),4)
[1] 0.0476
```

```
round(cor(pred3_2[,1],y_train)^2,4)
[1] 0.8509
```

这两个指标的性能略好。图 9-6 展示了每个模型的性能。注意，r8、r9、r10 的结果丢失了，这些是无法通过最大步数收敛的模型。

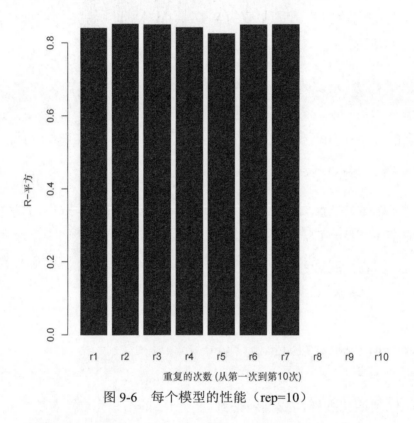

图 9-6　每个模型的性能（rep=10）

9.10　一个建模错误可以严重影响性能

我们现在有一些候选模型。现在应该选择哪一个用于测试集呢？我们自然倾向于具有最优训练集性能的模型。然而，这通常是一个不好的选择，因为通过一个复杂的神经网络完美地拟合样本通常非常容易。但是，这些模型在对新数据进行评估时表现很差。换句话说，它们的普适性不好。神经网络面临的巨大挑战之一就是过度拟合。这在深度学习中尤其如此，其中模型具有很多隐藏层，每层都有许多神经元。连接的数量可能非常大，这增加了过度拟合的风险。

假定目前选择的 fit2 是最优模型。以下是它在测试集上的表现：

```
y_test=data[-train,33]
scores_test2<-compute(fit2,data[-train,1:32])
pred_test2=scores_test2$net.result

round(mse(pred_test2,y_test),4)
[1] 1.0876

round(cor(pred_test2,y_test),4)
       [ ,1]
[1 ,] 0.2483
```

MSE 和 R-平方的表现很糟！很明显，这是一个令人讨厌的过度拟合的情况。

过度拟合

如图 9-7 所示，过度拟合就像参加你最喜欢的乐队的音乐会。根据音乐会声音的不同，你会听到人群尖叫声中的音乐和噪声，以及墙壁上的回声等。过度拟合发生在当意图适配结构（音乐）时，你的模型却可以同时完美适配音乐和噪声。相对于要解决的问题，你的模型过于复杂了。过度拟合的关键问题是对于未来（未见）的数据的一般化（预测）效果较差。

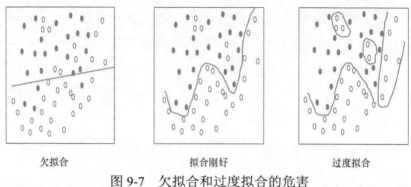

图 9-7　欠拟合和过度拟合的危害

> ✒️ **温馨提示**
>
> 欠拟合也可能是一个问题。当预测变量过于简单或过于严格而无法捕获数据的基本特征时，就会发生这种情况。在这种情况下，测试误差会相当大。

过度拟合可能会很难避免。我们将在第 12 章讨论一个尽量减少这种可能性的解决方案。

9.11　简单模型如何提供稳定的性能

让我们看看 fit1 的表现如何：

```
scores_test1<-compute(fit1,data[-train,1:32])
pred_test1=scores_test1$net.result

round(mse(pred_test1,y_test),4)
[1] 0.1413
round(cor(pred_test1,y_test),4)
      [ ,1]
[1 ,] 0.7609
```

这里的性能更好。至少这些数字略低于我们的预期，这几乎总是一个好兆头。图 9-8 展示了测试集样本中实际和预测的自行车需求。

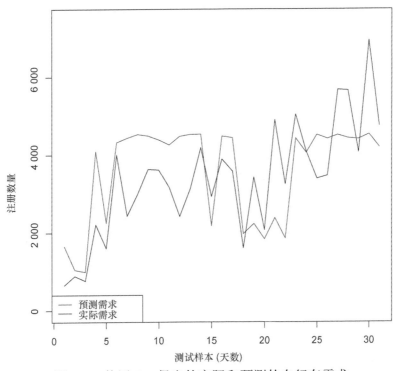

图 9-8 使用 fit1 得出的实际和预测的自行车需求

9.12 实践出真知

以下是一些你可以借鉴的思路。

（1）确定最优的重复次数，从而最大化 fit1 的训练误差。测试集的性能如何？

（2）构建 fit1 的替代模型。使用更多节点，Tanh 激活函数，更多重复的组合。在测试集上你能获得的最优性能是什么？测试集的数字是怎样的？

（3）使用不同的训练——测试样本拆分重新评估你的替代模型。你观察到的结果是什么？

9.13 参考资料

[38] 参见 Fanaee-T、Hadi、Gama 和 Joao 的文章《结合集合探测器和背景知识的事件标记》（Event labeling combining ensemble detectors and background knowledge）。

[39] 有关弹性反向传播的更多详情，可参阅：

- M. Riedmiller 的文章《Rprop——描述和实施细节》（Rprop—Description and Implementation Details）；

- M. Riedmiller 和 H. Braun 的文章《用于更快反向传播学习的直接自适应方法》（A direct adaptive method for faster backpropagation learning: The RPROP algorithm）。

[40] 有关的详细数学解释，可参考 R. Rojas 编写的《神经网络》（Neural Networks），施普林格出版社，1996 年出版。

[41] 参考 M. Riedmiller 的文章《Rprop——描述和实施细节》（Rprop—Description and Implementation Details）。

第 10 章
预测客户信用卡消费的艺术

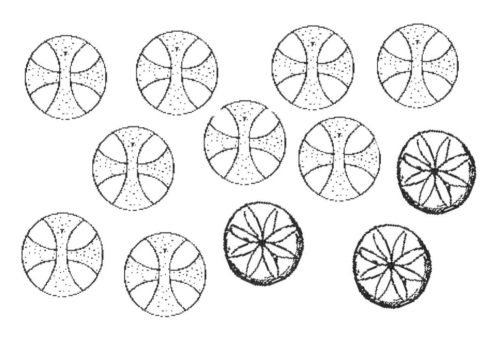

消费者让穷人变富，让富人变穷。

——路德维希·冯·米塞斯

在过去几十年里，以信用卡的形式获取消费信贷的速度正在迅速增长。信用卡为消费者和企业之间架起了一座桥梁，使得消费者可以负担得起相对较大的支出，比如汽车教育甚至支付日用开销、杂货、房租等。信贷已经成为人们深切关注的一个问题，同时也是个人和团体长久福利的源泉。正如一位评论员所述[42]：

　　"似乎很少有相关商品和服务的集合在历史上引发了如此多的焦虑和争论，或者产生了与人脑细胞一样多的个人和非住房贷款的消费者信贷。经济学家、行为科学家、历史学家、社会学家、教师、律师、法官、记者以及其他各行业的从业人员都根据他们自己的经历表述了自己的见解。即使是自然科学家，自然也包括政治人物，至少从古巴比伦和圣经时代就已经考虑过个人信用的使用。"

　　在本章中，我们开发了一个深度神经网络来预测每月信用卡支出与年收入的比率。

10.1　明确信贷的角色

　　信用卡的核心作用是为商业提供便利[43]。它们支持无现金交易，可通过电话、电子邮件、互联网以及手机和其他设备进行交易。很多人发现它们可以方便地进行采购，因为它们提供的信用额度可以在结算周期结束时或更长的时间内进行支付。用经济学的语言来说，就是用户可以灵活地推迟付款到未来的某个日期，从而在临时流动性不足的情况下平衡支出。

　　信用卡为消费者提供了一种方便且相对无痛的消费方式 [44]。

　　商家也可以从信用卡中受益。经过调查研究发现，企业支持信用卡交易后销售额和利润都有所增加。这得到了消费者使用信用卡时持续报告花费更多的经验观察的佐证[45]。它们的使用似乎降低了用户的感知成本，从而进一步鼓励用户使用信用卡消费[46]。

　　如果一家企业不支持主流的信用卡，那么它可能会失去其他支持上述信用卡的商家获得的业务。因此，支持信用卡有可能提高竞争优势。

信用卡支出相对于收入的准确预测对于所有经济部门的业务都是有用的。比如，这样的预测可以用来开展如下业务：

（1）通过提供对推销人员和营销信息的洞察来帮助发展业务。它可能有助于确定来自特定客户的可能业务量，或为信贷扩张决策提供额外的支持[47]。

（2）协助公共卫生工作者制定针对有健康高风险个体的有效干预措施。高额债务与较大的压力感和抑郁感、较差的总体健康状况以及较高的舒张压有关[48]。

（3）支持一家企业寻求通过针对每个既有客户信用卡支出情况尽可能多地获取市场份额，通过针对某些消费水平的客户进行奖励，或者推出旨在激励提高客户在产品和服务上的忠诚度进行不同程度奖励的活动。

10.2 信用卡数据

样本数据包含在 AER 软件包中。属性的详细信息已经在表 10-1 中给出。响应变量是属性共享的。它是 1 319 名客户月度信用卡支出与年收入比率的衡量标准。

表 10-1 信用卡属性

R 名称	说　　明
share	信用卡支出与收入的比率
card	是否接受信用卡申请
reports	主要负面报告的数量
age	比上一年多一个月的年龄

续表

R 名称	说　　明
income	年收入(以 10 000 美元为单位)
expenditure	平均每月信用卡支出
owner	该个体是否拥有自己的房屋
selfemp	该个体是否是个体户
dependents	家庭成员数量
months	生活在当前居住地的时间
majorcards	持有信用卡的数量
active	活跃信用账户数

数据概览

让我们加载数据并快速查看其特征:

```
data("CreditCard",package="AER")
str(CreditCard)
```

```
'data.frame':   1319 obs. of  12 variables:
$ card       : Factor w/ 2 levels "no","yes": 2 2 2 2 2 2 2 2 2 2 ...
$ reports    : num  0 0 0 0 0 0 0 0 0 0 ...
$ age        : num  37.7 33.2 33.7 30.5 32.2 ...
$ income     : num  4.52 2.42 4.5 2.54 9.79 ...
$ share      : num  0.03327 0.00522 0.00416 0.06521 0.06705 ...
$ expenditure: num  124.98 9.85 15 137.87 546.5 ...
$ owner      : Factor w/ 2 levels "no","yes": 2 1 2 1 2 1 1 2 2 1 ...
$ selfemp    : Factor w/ 2 levels "no","yes": 1 1 1 1 1 1 1 1 1 1 ...
$ dependents : num  3 3 4 0 2 0 2 0 0 0 ...
$ months     : num  54 34 58 25 64 54 7 77 97 65 ...
$ majorcards : num  1 1 1 1 1 1 1 1 1 1 ...
$ active     : num  12 13 5 7 5 1 5 3 6 18 ...
```

数据帧中包含 1 319 个样本的 12 个变量。大部分属性是数字。但是，card、owner 和 selfemp 是因子。

响应变量 share 的直方图如图 10-1 所示。看起来大多数人的债务收入比率低于 10%，尽管右边的长尾一直延伸到 90%。

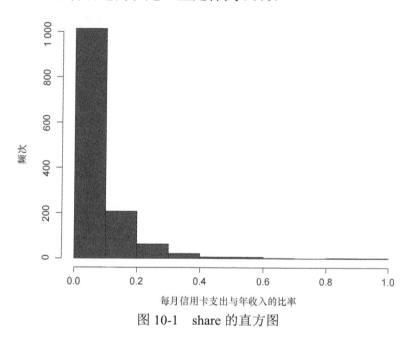

图 10-1　share 的直方图

10.3　预处理样本数据

数据在能够使用之前需要进行一些预处理，我们需要做 3 件事。

（1）将每个因子变量转换为二元观测矩阵。

（2）标准化数值变量。

（3）准备响应变量。

10.3.1 处理因子属性

首先，通过 class.ind 函数转换 card,owner 和 selfemp 这 3 个因子：

```
require(nnet)

card<-class.ind(CreditCard$card)
colnames(card)=c("card_no","card_yes")

owner<-class.ind(CreditCard$owner)
colnames(owner)=c("owner_no","owner_yes")

selfemp<-class.ind(CreditCard$selfemp)
colnames(selfemp)=c("selfemp_no","selfemp_yes")
```

为了便于说明，colnames 函数用于确保每个分类矩阵都有适当的列名。

接下来，将上述每个因子对象绑定到 R 对象 factor 中，并查看前几个观察值：

```
factor<-cbind(card,owner,selfemp)
head(factor)
```

	card_no	card_yes	owner_no	owner_yes	selfemp_no	selfemp_yes
1	0	1	0	1	1	0
2	0	1	1	0	1	0
3	0	1	0	1	1	0
4	0	1	1	0	1	0
5	0	1	0	1	1	0
6	0	1	1	0	1	0

以下是如何检查观察结果的方法。我们希望看到只检查了 card_no 或 card_yes 两列中的一列。这同样适用于 owner_no 和 owner_yes、selfemp_no 和 selfemp_yes 这两对属性。

现在看看 selfemp_no 的第一个观察值，它的取值为 1，这意味着 selfemp_yes 的取值为 0。快速地扫一眼数据，似乎所有内容都符合预期。

10.3.2 处理数值变量

现在轮到数值变量。我们将它们转移到 R 对象 contvars 中：

```
drops<-c("card","owner","selfemp","share")

contvars<-CreditCard[,!(names(CreditCard)%in% drops)]

max_min_Range<-function(x){(x-min(x))/(max(x)-min(x))}

contvars<-max_min_Range(contvars)
```

上述代码中的前两行删除了因子对象和目标变量。剩下的数值属性采用自定义函数 max_min_Range 进行标准化。

10.3.3 创建核心数据帧

接下来将创建分析中用到的数据帧。我们为训练集使用 1 200 个样本：

```
share<-CreditCard$share
data<-as.matrix(cbind(factor,contvars,share))
rand_seed=2016
set.seed(rand_seed)

train<-sample(1:nrow(data),1200,FALSE)

x_train<-data[train,1:14]
y_train<-data[train,15]
```

```
x_test<-data[-train,1:14]
y_test<-data[-train,15]
```

10.4 一种设计深度神经网络的简单方法

我们从 4 层网络开始分析。它在第一、第二、第三和第四隐藏层中分别包含 8、7、5 和 5 个节点:

```
require(deepnet)
set.seed(rand_seed)
fit1<-nn.train(x=x_train,y=y_train,
hidden=c(8,7,5,5),
activationfun="tanh",
output="sigm")
```

因为我们正在预测比率,所以可以使用 sigmoid 函数作为输出节点。不过,Tanh 激活函数是为隐藏层指定的。

该模型收敛得很快。我们使用 MSE 和 R-平方作为性能指标:

```
pred1<-nn.predict(fit1,x_train)
require(Metrics)

round(mse(pred1,y_train),4)
[1] 0.0118

round(cor(pred1,y_train)^2,4)
        [ ,1]
[1 ,] 0.5611
```

R-平方的值为 0.56 时，作为这类模型的起点是相当好的。不过，仔细检查预测值总是一个好主意。一次快速检查就是计算相关系数：

```
cor(pred1,y_train)
          [ ,1]
[1 ,] -0.749067
```

模型和希望预测的东西之间呈负相关并不是一个好兆头！我们最好选择一种替代模型规范。

10.4.1　一种替代模型

我们坚持使用 4 层网络，但是这次在第一、第二、第三和第四隐藏层中的节点数分别是 9、6、7 和 9 个：

```
set.seed(rand_seed)
fit2<-nn.train(x=x_train,y=y_train,
hidden=c(9,6,7,9),
activationfun="tanh",
output="sigm")
```

现在的性能统计结果如下：

```
pred2<-nn.predict(fit2,x_train)
mse(pred2,y_train)
[1] 0.01088745

cor(pred2,y_train)^2
          [ ,1]
[1 ,] 0.5602635
```

现在，代码中统计结果表明合适的模型是第一个。让我们快速检查模型和目标之间的关系：

```
cor(pred2,y_train)
          [ ,1]
[1 ,] 0.7485075
```

至少它的结果是正的，你可能会对自己说"非常高"。再次检查预测值是一个好习惯。我们使用 summary 方法执行此操作：

```
summary(pred2)
        V1
 Min.   :0.1101
 1st Qu.:0.1101
 Median :0.1101
 Mean   :0.1101
 3rd Qu.:0.1101
 Max.   :0.1101
```

预测收敛于一个常数。这种数据科学只不过是一系列的失败夹杂着偶尔的成功！

10.4.2　一种解释

发生这种情况的原因有很多。也许是目标函数无法在给定网络大小的情况下被捕获，也许是模型在给定数据集大小的情况下具有太多的参数需要估计，甚至可能出现非随机分量和随机分量毫不相关的情况。换句话说，数据是完全随机的。也可能是我们运行模型时没有提供足够多的学习周期使得它能够进行有效的学习。因此，这是相对容易调查的，这次我们通过运行 1 000个周期来重建模型：

```
set.seed(rand_seed)
fit3<-nn.train(x=x_train,y=y_train,
hidden=c(9,6,7,9),
numepochs=1000,
```

```
activationfun="tanh",
output="sigm")
```

现在的性能指标如下：

```
pred3<-nn.predict(fit3,x_train)

mse(pred3,y_train)
[1] 0.002108677

cor(pred3,y_train)^2
         [ ,1]
[1 ,] 0.783866
```

所有结果看上去都不错。但是我们最好检查一下相关的符号和预测值的范围：

```
cor(pred3,y_train)
          [ ,1]
[1 ,] 0.8853621

summary(pred3)
       V1
 Min.   :0.00227
 1st Qu.:0.02503
 Median :0.05913
 Mean   :0.07967
 3rd Qu.:0.09918
 Max.   :0.64321
```

相关系数的符号与预期一致，并且预测值的变化表明它是一个比之前效果更好的拟合模型。

10.5 过度训练的挑战

一个可能贯穿你脑海的问题是，这个模型在使用 1 000 个周期的训练集上的表现非常好，那么为什么起初不使用一个任意的高数字呢？接下来就实践一下这一想法，让模型训练 1 000 个周期：

```
set.seed(rand_seed)
fit4<-nn.train(x=x_train,y=y_train,
hidden=c(9,6,7,9),
numepochs=10000,
activationfun="tanh",
output="sigm")
```

性能统计如下：

```
pred4<-nn.predict(fit4,x_train)

mse(pred4,y_train)
[1] 0.001692219

cor(pred4,y_train)^2
          [ ,1]
[1 ,] 0.8254721
```

fit 的结果要比 fit3 的结果好得多。我们应该怎么理解这一点呢？训练周期是深度神经网络的另一个可调整参数。如果你选择的数量太少，那么训练集性能可能不佳。

但是，运行训练周期次数太多又会导致过度拟合。图 10-2 展示了通常的情况。随着训练周期数的增加，训练误差随之下降。但是，这不属于测试集误差的情况。在某些时候它会上升。因此，过度训练的后果是对测试集和新的不可见样本的泛化能力较差。

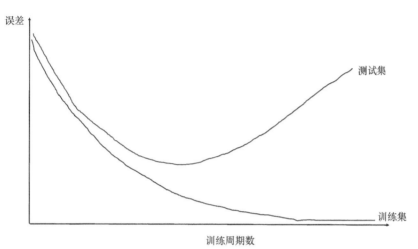

图 10-2　随着周期数量的增加，训练和测试误差的变化

性能比较

我们来看看 fit3 和 fit4 在测试集上的表现。首先是 fit3：

```
pred3_test<-nn.predict(fit3,x_test)

mse(pred3_test,y_test)
[1] 0.002457687

cor(pred3_test,y_test)^2
          [ ,1]
[1 ,] 0.7149908
```

不如在训练集上的表现出色，但是符合预期。现在来看看 fit4：

```
pred4_test<-nn.predict(fit4,x_test)

mse(pred4_test,y_test)
```

```
[1] 0.002606482

cor(pred4_test,y_test)^2
          [ ,1]
[1 ,] 0.6946117
```

并非完全出乎意料，fit4 与数据存在较大的偏差。

10.6 提早停止的简单策略

当我上小学时，我们经常在户外玩耍，这些活动是教育的一部分。我们通常在上午进行户外运动，从而在午饭前挑起我们食欲，午饭后还能促进消化系统运转，在风和日丽的日子，老师们会让我们在户外玩一下午——从而在放学回家之前消耗掉过剩的精力。我喜欢学校！

唯一会缩短我们在户外频繁活动的事情是下雨。如果下雨了（英格兰雨水很多），提早停止的铃声将响起，欢乐时光终止，开始上课了。有趣的是，即使娱乐时间缩短了，我的注意力和聚焦于学校课程上能力都得到了提高。我想我的老师对于体育活动、注意力、情绪和表现之间的联系有很直观的认识[49]。直到今天，我还会到外面散步，让我的大脑高效运转。

与学习娱乐时间类似的是，如果能够更容易地提取测试样本的可接收性能，那么我们应该尽早停止训练。这就是提早停止的策略核心，这里把样本分为 3 组，一个训练集、一个验证集和一个测试集。训练集用于培训模型。训练误差通常是一个单调函数，每次迭代都会进一步降低。图 10-3 说明了这种情况。在前 100 次迭代中误差迅速下降，然后在接下来的 300 次迭代中以更小的速率下降，最后逐渐降至恒定值。

验证集用于监测模型性能。验证误差通常早期阶段急剧下降，因为网络能够迅速学习功能形式，但是随后又增加，表明模型开始过度拟合。

在提早停止时，训练停在了验证集最低误差获取部分。然后验证模型将用于测试样本。该程序已被证明在减少各种神经网络应用过度拟合方面非常有效[50]。因此你应该试试这种方法。

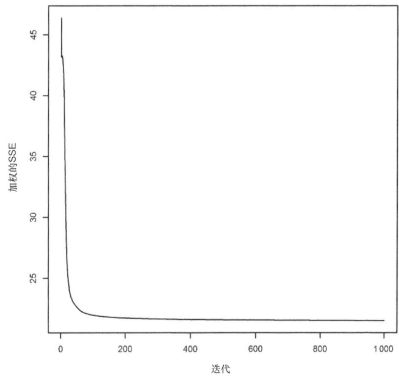

图 10-3 历次迭代后的网络误差

10.7 实践出真知

重建 fit3 和 fit4，这次使用训练集、验证集和测试集。这两个模型之间的性能表现有何差异？尝试在训练集、验证集和测试集之间进行替换分割，你观察到的结果是什么？

10.8 参考资料

[42] 参见 Durkin、A. Thomas、Gregory Elliehausen 和 Todd J. Zywicki 的文章《消费者信贷与美国经济概述》（Consumer Credit and the American Economy: An Overview）。

[43] 可以参考如下内容：

- Borgen 和 C. Winston 的文章《零售业学习案例和文字》（Learning experiences in retailing: text and cases）；

- Huck 和 Leonard 的文章《扩展信用卡客户》（Making the Credit Card the Customer）；

- Hirschman 和 C. Elizabeth 的文章《信用卡支付系统在消费者购买行为上的差异》（Differences in consumer purchase behavior by credit card payment system）。

[44] 参见：

- Brito、L. Dagobert 和 Peter R. Hartley 的文章《消费理性和信用卡》（Consumer rationality and credit cards）；

- Bernthal、J. Matthew、David Crockett 和 Randall L. Rose 的文章《信用卡作为生活方式的促进者》（Credit cards as lifestyle facilitators）。

[45] 参见：

- Mathews 和 Harry Lee 的文章《商业银行信用卡领域的营销策略》（Marketing strategies in the commercial bank credit card field）；

- Burman 和 J. David 的文章《人们利用信用卡透支》（Do people overspend with credit cards）。

[46] 进一步的讨论可以参见 White 和 Kenneth 的文章《家庭收支中的信用卡债务》（Credit Card Debt in the Household Portfolio）。

[47] 这是因为消费弹性对于债务水平较高家庭的收入明显更高。比如 Baker 和 R. Scott 的文章《债务和消费对家庭收入的冲击》（Debt and the consumption response to household income shocks）。

[48] 参见示例：

- Sweet 和 Elizabeth 等的文章《昂贵的债务：家庭金融债务及其对身心健康的影响》（The High Price of Debt: Household Financial Debt and Its Impact on Mental and Physical Health）；

- Drentea、Patricia 和 John R. Reynolds 的文章《借款人和贷款人都不及债务和 SES 对老年人心理健康的重要性》（Neither a borrower nor a lender be the relative importance of debt and SES for mental health among older adults）；

- Keese、Matthias 和 Hendrik Schmitz 的文章《破产、疾病和肥胖：家庭债务对健康有影响吗？》（Broke, ill, and obese: is there an effect of household debt on health?）。

[49] 这个链接似乎已经被很多研究所证实，比如参见 A. Sharma、V. Madaan 和 F. D. Petty 的文章《锻炼心理疗法》（Exercise for Mental Health）。

[50] 以下是完全不同领域应用的 3 个示例：

- Payan、Adrien 和 Giovanni Montana 的文章《预测阿尔茨海默病：一种使用三维卷积神经网络的神经影像学研究》（Predicting Alzheimer's disease: a neuroimaging study with 3D convolutional neural networks）；

- Oko、Eni、Meihong Wang 和 Jie Zhang 的文章《神经网络用于预测

发电厂燃煤亚临界鼓压和层级》（Neural network approach for predicting drum pressure and level in coal-fired subcritical power plant）；

- A. Torre 等的文章《使用人工神经网络预测高性能混凝土的抗压强度》（Prediction of compression strength of high performance concrete using artificial neural networks）。

第 11 章
客户品牌选择建模简介

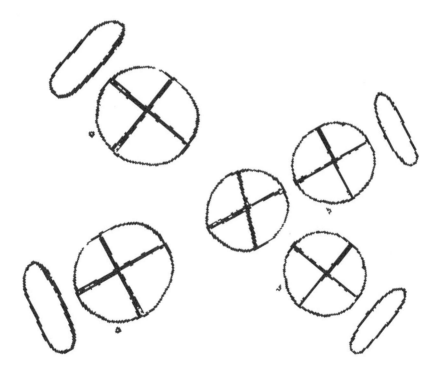

营销人员集中，销售人员分散！

——约翰·迪莱米

　　品牌选择是产品和服务营销中的一个热门话题。在某种程度来说,所有采购行为都涉及选择。消费者可以在一堆竞品或产品组之间进行选择。他们还会选择当时购买、过几天再购买或者根本不买。同样,上班族会在多种出行方式之间进行选择,餐馆顾客会在菜单上选择自己喜欢的菜品。每种情况都涉及选择。零售商、制造商、服务提供商都对价格、促销和其他营销活动如何影响消费者的选择以及销售和市场份额感兴趣。

　　在经济、工程、环境管理、城市规划和交通等诸多领域,对消费者选择行为进行经验建模的方法非常实用。比如,对消费者购买意向的预测可用于市场调查,以知道产品定位和定价,或者帮助确定公共交通系统高峰期和非高峰期的车票价格。

　　在本章中,我们将开发一个深度神经网络来预测消费者对主流品牌的选择。目标是使用神经网络发现客户在两个主流品牌之间进行选择的决策规则。

11.1　品牌选择的概念性框架

　　经典的消费者行为理论假定存在一个具有偏好的典型消费者,它可以通过以商品和服务作为向量描述消费行为的效用函数来衡量。经济学家使用效用的概念试图衡量金钱对个体决策者的影响。

　　效用函数将结果的效用性转化为一个数值,以此来衡量单个个体的价值。假定个体选择(产品或服务)的结果将使效用最大化,但是会受到预算的约束。预算约束包括商品和服务的价格以及个人工资或其他收入[51]。

11.1.1　效用的挑战

　　效用最终被证明是出了名的难以衡量。部分原因是,个人对风险的偏好存在巨大的差异,这些差异影响他们的决策。面临相同选择的两个人可能会做出截然不同的反应,但仍然表现得很合理[52]。

不同的见解、品味、经验和对选择的理解,可能会导致对产品或服务的选择存在很大的差异,甚至有可能同一个人在不同时期面对相同的产品可以做出不同的选择。

图 11-1 展示了品牌选择的概念性决策模型。消费者有品牌 A 和品牌 B 可供选择,选择过程是由价格、效用、预算和广告等因素构成的复杂组合。

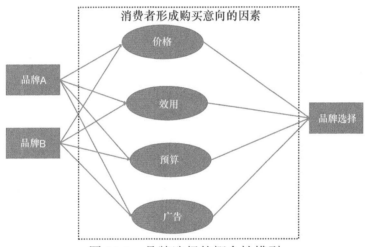

图 11-1　品牌选择的概念性模型

✍ 温馨提示

　深度神经网络的一个优点是它们可以模拟非线性偏好,而对传统统计模型中所需的被测量属性之间潜在关系的性质几乎没有前提条件。

11.1.2　实际情况

鉴于直接衡量个体效用的难度,品牌选择研究倾向于使用可以衡量的属性来建模。实际上可能会有比图 11-1 所示更多的因素影响消费者的决策。在实际研究中，我们测量的变量更少。以 MNP 软件包中的 detergent 数据帧为例，它包含对多种品牌洗涤机的原始价格和消费者选购过程的评估。

价格属性的配对如图 11-2 所示。上部对角线显示价格之间的相关性，下部显示散点图，价格的直方图沿对角线显示。

我们使用这些数据构建了一个深度神经网络来预测消费者会购买哪两种流行品牌（Tide 和 Wisk）。

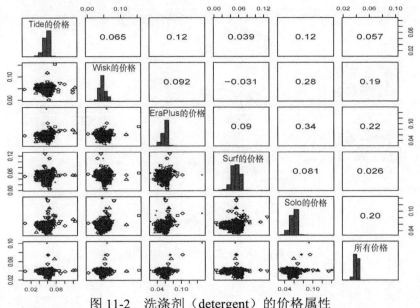

图 11-2　洗涤剂（detergent）的价格属性

11.2　检查样本数据

detergent 数据帧中包含 7 个变量，其中 6 个是各种洗涤剂品牌的原始价格：

```
data("detergent",package="MNP")
str(detergent)
```

```
'data.frame':   2657 obs. of   7 variables:
$ choice      : Factor w/ 6 levels "All","EraPlus",..: 6 1 6 2 4 6 5 3 3 6 ...
$ TidePrice   : num  0.0606 0.0584 0.0587 0.0553 0.0596 ...
$ WiskPrice   : num  0.0549 0.045 0.0467 0.0488 0.0498 ...
$ EraPlusPrice: num  0.0587 0.0645 0.0645 0.0473 0.0618 ...
$ SurfPrice   : num  0.0389 0.063 0.0645 0.0566 0.042 ...
$ SoloPrice   : num  0.0556 0.0645 0.0587 0.0645 0.0655 ...
$ AllPrice    : num  0.0389 0.0389 0.0389 0.0405 0.0413 ...
```

目标变量 choice 是一个包含 6 种品牌洗涤剂的因子——其中包括 All (洗涤剂品牌)、EraPlus、Solo、Surf、Tide 和 Wisk。对于我们的分析，将重点关注 Wisk 和 Tide 品牌的选择。我们的首要任务是创建一个仅包含这两个品牌的数据集；然后转换 choice 因子，以便它只包含两个层级，一个是 Wisk，另一个是 Tide。达到上述目的的一种方法如下：

```
data<-detergent[!detergent$choice%in%c('All',
    'EraPlus','Solo','Surf'),]
```

```
data$choice<-factor(data$choice)
```

第一行代码将 detergent 中的数据存储到 R 对象 data 中，并且其中只包含两个重点关注的因子（Wisk 和 Tide）。第二行代码删除 choice 变量中的空白层级。这将确保 data$choice 中只包含两个层级对应于 Wisk 和 Tide。

让我们通过 summary 函数简要地查看一下 data 中的内容：

```
summary(data$choice)
 Tide   Wisk
  701    703
```

我们共有 1 404 个样本可供使用。这对于我们的分析应该足够了。

11.2.1　训练集和测试集

接下来，创建测试集和训练集。我们将使用 1 300 个样本来训练模型，其余的观察结果保留在测试集中。以下代码你应该并不陌生：

```
require(nnet)
response<-class.ind(data$choice)
y<-max.col(response,'first')
rand_seed=2016
set.seed(rand_seed)
train<-sample(1:nrow(data),1300,FALSE)
x_train<-scale(data[train,2:7])
y_train<-response[train,]
x_test<-data[-train,2:7]
y_test<-response[-train,]
```

11.3　S 型激活函数的实际限制

我们通过 nn.train 函数适配模型，并采用两个隐藏层，第一个隐藏层包含 42 个单元，第二个隐藏层包含 18 个单元。S 型函数将用于隐藏层和输出层：

```
require(deepnet)
set.seed(rand_seed)
fit1<-nn.train(x=as.matrix(x_train),y=as.matrix(y_train),
hidden=c(42,18),
momentum=0.6,
learningrate=exp(-10),
activationfun="sigm",
output="sigm")
```

其中没有采用默认的动量值和学习率，我们将手动设置它们。

11.3.1 模型精度

现在，计算模型精度：

```
score1<-nn.predict(fit1,x_train)
pred1<-max.col(score1,'first')
1-mean(pred1!=y[train])
[1] 0.5030769
```

总体精度是 50%，有点让人失望。总是希望获得优异的结果，但往往是徒劳的！尽管如此，我们来看看混淆矩阵，它可能会帮助我们发现问题的症结所在：

```
table(y[train],pred1)
   pred1
      1
  1  654
  2  646
```

对于每个样本来说，模型看上去是为 Tide 预设的。让我们使用 summary 函数快速地检查一些 score1 的输出：

```
summary(score1)
```

```
   var = Tide          var = Wisk
 Min.   :0.5695    Min.   :0.4903
 1st Qu.:0.5700    1st Qu.:0.4915
 Median :0.5701    Median :0.4916
 Mean   :0.5701    Mean   :0.4917
 3rd Qu.:0.5703    3rd Qu.:0.4918
```

```
    Max.   :0.5713    Max.   :0.4924
```

对于 Tide 和 Wisk 来说，每个样本的输出基本上是不变的。问题是接下来该怎么做。

11.3.2　消失的梯度

一种办法是调整模型的参数。可能是添加一个层或更多节点。但是，你一般会通过更改激活函数来获得最大的“效果”。这是因为 S 型函数有一个局限性，它的梯度随着属性 x 的增加或减少而变得越来越小。如果我们使用梯度下降或类似的方法，那么就存在这个问题，即被称为梯度消失的问题。随着梯度的变小，参数值的变化会导致网络输出的变化很小。它减慢了学习的速度。

随着层数的增加，速度减慢的程度随之增大，因为网络输出相对于早期层的梯度可能变得非常小。发生这种情况是因为 S 型函数需要一个实数值并将其“压缩”到 0~1 的值，换句话说，它将实数映射到[0,1]之间的较小范围。

具体来说，大的负数变为 0，大的整数变为 1。这意味着大范围的输入区间被映射到一个极小的区间。问题在于，在输入的取值区间中，即使输入值发生了很大变化，在输出中的变化也很小，因此梯度也很小，如图 11-3 所示。

> ✍ 温馨提示
> 简而言之，当 S 型激活函数位于 1 或 0 等极限值时，这些区域的梯度非常浅，几乎为 0。

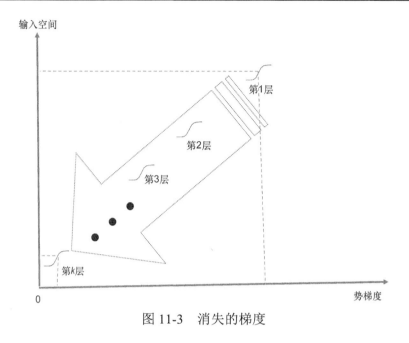

图 11-3　消失的梯度

11.4　深度学习工具箱中必备的一个激活函数

通过使用不会将输入空间压缩到狭窄范围的激活函数，可以避免消失梯度问题。事实上，我发现将一个"挤压"激活函数（比如 S 型激活函数）替换为一个"非挤压"激活函数后，通常可以显著改善深度神经网络的性能。

我最喜欢尝试的是整流线性单元（Rectified Linear Unit，ReLU）。它的定义如下：

$$f(x) = \max(0, x)$$

其中 x 是神经元的输入。它执行阈值操作，其中任何小于 0 的输入值被设置为 0，如图 11-4 所示。

事实证明，该激活函数在深度学习模型上广受赞誉，因为有报道称它在语音识别和计算机视觉任务的分类效率有显著提高[53]。只有神经元输出为正时，它才允许激活，并且网络计算速度比具有 S 型激活函数的网络快得多，因为它只是一个取最大值的操作。它还支持神经网络的稀疏性，因为当随机初始化时，整个网络中大约一半的神经元将被设置为 0。

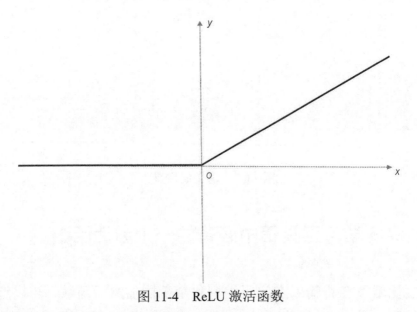

图 11-4　ReLU 激活函数

> 🖎 温馨提示
>
> 如果它的输出值接近 1[54]，你可以认为神经元是"活跃的"（或"激活"的）；如果其输出值接近 0，则"无效"。稀疏性限制神经元在大多数时间处于非激活状态。它通常会带来更好的泛化性能。

11.5　保持技术的秘密

几十年前，通常会训练一个学习模型并预估同一样本的预期误差率。研究人员将收集相关的多个属性数据，然后运行分类器并乐于看到非常低的分类误差率。为了表达欢欣鼓舞，一篇论文将被发表，并突出强调新发现模型的预测能力。然而，研究人员在几个学术领域很快发现，训练算法并评估相同数据的统计性能往往会得出乐观的结果。今天，验证技术提供了更好的评估预期误差率的工具。

在本书的大部分内容中，我们使用了保持方法（Holdout Method）[55]。在这种方法中，数据集被分割成两个非重叠组——训练集用于训练分类器，测试集用于预估训练分类器的误差率。斯通教授说过，他很好地抓住了保持样本这一思路[56]。

"谨慎的统计学家提供了一个受控分裂的例子[保持验证]，他在没有事先查看样本的情况下随机选择了其中的一部分，然后在没有抑制剩余的情况下进行实验，预留数据将对其分析的有效性做出公正的判断。"

图 11-5 演示了这种情况[57]。

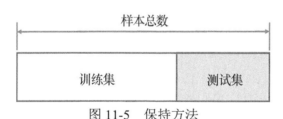

图 11-5 保持方法

✍ 温馨提示

早在 1931 年，S. C. Larson[58]通过采用一种保持方法将密西西比调查中的样本划分为训练和测试集来提供更准确的误差估计。在此成为标准做法时，已经过去了几十年。

11.5.1 一个实际问题

你应该如何划分训练集和测试集之间的数据以便进行保持验证呢？由于保持验证涉及单个训练和测试实验，所以误差率的点估计可能取决于如何分割数据。次优分隔可能会导致误导性的误差率。为了评估我们模型的鲁棒性，我们用一个包含 1 299 个样本而不是 1 300 个样本的训练集来改装它。

首先，创建新的训练和测试集：

```
set.seed(rand_seed)
train<-sample(1:nrow(data),1299,FALSE)
x_train<-scale(data[train,2:7])
y_train<-response[train,]
x_test<-data[-train,2:7]
y_test<-response[-train,]
```

其次，评估模型，我们称之为 fit2：

```
fit2<-train_dnn(
modelR,
x_train,
y_train,
input_valid=x_test,
target_valid=y_test,
error_function=crossEntropyErr,
report_classification_error=TRUE
)
```

最后，是现在的混淆和性能指标：

```
score2<-predict(fit2)
pred2<-max.col(score2,'first')
table(y[train],pred2)
  pred2
      1    2
  1 534  119
  2 225  421
```

```
1-mean(pred2!=y[train])
[1]  0.7351809
```

结果似乎与 fitR 接近。

11.5.2 重要提示

尽管模型在训练集上的准确性是准确的，但是总体效果并不好。看看模型在测试集上的表现如何：

```
score2_test<-predict(fit2,newdata=x_test)
pred2_test<-max.col(score2_test,'first')

table(y[-train],pred2_test)
  pred2_test
    1
  1 48
  2 57

1-mean(pred2_test!=y[-train])
[1] 0.4571429
```

简直是灾难！模型性能从训练集上的 70%直接在测试集上衰减至不到 50%，我们对训练集进行的修改——测试将一个观察值分割出去。到底发生了什么？

该示例说明了保持方法的一个关键性难点。选择用于包含在测试集中的观察样本可能不太容易均衡或难于分类。看起来 fit2 过度拟合了训练数据。

✍ 温馨提示

保持验证的局限性导致了重新采样方法的发展，例如 k-折交叉验证，我们将在第 12 章中讨论。

11.6　数据预处理的魔力

深度学习系统的设计通常包含两个主要步骤。第一步涉及预处理和特征提取，第二步涉及建模、分类或预测。比如麻省理工学院的计算机科学家 O. G. Selfridge 在 1955 年给朋友的回信中写到[59]：

> "从不相关细节的背景中提取数据的重要特征"

它仍然是当前机器学习中极具挑战性的步骤之一。某些困难的原因是存在不相关的信息以及为特定应用程序设置的功能特殊性。正如华盛顿大学的 Pedro Domingos 教授指出的那样[60]：

> "一天结束后，一些机器学习项目会成功，一些会失败。到底是什么原因造成这种差异呢？最重要的因素是所采用的特征。如果你有很多特征，每个特征都很容易分类，那么学习会很容易。另一方面，如果类别是一个非常复杂的特征函数，那么你将无法学习它。"

在传统的统计分析中，通常会通过标准化变量来预处理数据，使其分布近似高斯分布。这就是我们在属性上使用 scale 函数时做的事情。这通常是一个好主意，因为如果属性不是遵循正态分布，而是更多或更少，那么学习算法的表现可能不佳。标准正态分布变量的平均值为 0，方差为 1。

11.6.1　继续研究消费者品牌选择模型

挑战在于神经网络预处理在某种程度上取决于应用程序，甚至底层属性集的细微改动也会对性能产生严重影响。让我们在品牌选择深度学习模型上了解更多细节。

首先，需要注意的是模型有一点特别，因为所有属性都是价格变量的日志。我们通过 summay 函数来进一步查看这些属性的统计属性：

```
summary(data[,2:7])
```

```
    TidePrice           WiskPrice          EraPlusPrice         SurfPrice
 Min.   :0.005859   Min.   :0.0007172   Min.   :0.03695   Min.   :0.03125
 1st Qu.:0.053646   1st Qu.:0.0396998   1st Qu.:0.05927   1st Qu.:0.04891
 Median :0.058672   Median :0.0451758   Median :0.06367   Median :0.05563
 Mean   :0.058135   Mean   :0.0451664   Mean   :0.06178   Mean   :0.05493
 3rd Qu.:0.064531   3rd Qu.:0.0498437   3rd Qu.:0.06500   3rd Qu.:0.06223
 Max.   :0.119854   Max.   :0.0732813   Max.   :0.08937   Max.   :0.12802
    SoloPrice           AllPrice
 Min.   :0.03332   Min.   :0.02865
 1st Qu.:0.05406   1st Qu.:0.03854
 Median :0.06360   Median :0.03891
 Mean   :0.06009   Mean   :0.03916
 3rd Qu.:0.06547   3rd Qu.:0.04054
 Max.   :0.11063   Max.   :0.06563
```

仔细检查后，你会看到每种洗涤剂的原始价格都大于 0，远低于 1。也就是说，它们已经是合适的格式，不需要转换就可以输入到神经网络中。这是一个有用的线索，它指导我们通过一个非标定的 x_train 将原始数字用作模型的输入：

```
x_train<-(data[train,2:7])

fit3<-train_dnn(
modelR,
x_train,
y_train,
input_valid=x_test,
target_valid=y_test,
error_function=crossEntropyErr,
report_classification_error=TRUE
)
```

接下来，计算训练集的性能指标：

```
score3<-predict(fit3)
pred3<-max.col(score3,'first')
table(y[train],pred3)
   pred3
        1    2
   1 385  268
   2 113  533

1-mean(pred3!=y[train])
[1] 0.7066975
```

性能可以与我们之前的模型媲美。

11.6.2 测试集性能

我们看看这个模型在测试集上的表现：

```
score3_test<-predict(fit3,newdata=x_test)
pred3_test<-max.col(score3_test,'first')
table(y[-train],pred3_test)
   pred3 _test
     1   2
   1 30  18
   2  7  50
1-mean(pred3_test!=y[-train])
[1] 0.7619048
```

这是比我们先前观察到稍微令人鼓舞的结果。但是我们需要获得这种性能的稳定性。

11.6.3 修改测试——训练集分割

现在，作为最终检查，让我们仅使用 1 000 个样本和原始价格属性来改造模型：

```
set.seed(rand_seed+1)
train<-sample(1:nrow(data),1000,FALSE)
x_train<-(data[train,2:7])
y_train<-response[train,]
x_test<-data[-train,2:7]
y_test<-response[-train,]

fit4<-train_dnn(
modelR,
x_train,
y_train,
input_valid=x_test,
target_valid=y_test,
error_function=crossEntropyErr,
report_classification_error=TRUE
)
```

现在，我们可以查看训练集的性能指标：

```
score4<-predict(fit4)
pred4<-max.col(score4,'first')

table(y[train],pred4)
  pred4
      1     2
  1 316   175
  2  85   424
1-mean(pred4!=y[train])
[1] 0.74
```

好消息是，其表现符合我们之前的预期。现在，我们最好看看测试集的性能：

```
score4_test<-predict(fit4,newdata=x_test
    )
pred4_test<-max.col(score4_test,'first')

table(y[-train],pred4_test)
    pred4 _test
       1     2
 1 134    76
 2  39   155

1-mean(pred4_test!=y[-train])
[1] 0.7153465
```

那么，这看起来似乎更好一些。至少测试集的性能和训练集的性能差不多。现在，我们有了一个基本的预测模型，通过适当的调整可以提供更好的性能。

11.7　实践出真知

看看你是否可以改善 fit4 的性能。这里有 3 条建议——尝试修改预处理技术；向既有模型添加一个或两个层；从根本上说，就是增加每层的节点数量。根据实验结果，你认为训练集性能和测试集性能之间的关系如何呢？

11.8　参考资料

[51] 关于这种方法的更多细节，可参阅萨缪尔森的经典著作《经济分析基础》（Foundations of Economic Analysis），雅典出版社，1947 年出版。

[52] 消费者对同类商品进行合理评估是传统经济学消费理论的核心。然而，最近的研究证据倾向于加强对这种假设的争论。比如 Kagel、H. John、Raymond C. Battalio 和 Leonard Green 的著作《经济选择理论：动物行为的实验分析》（Economic choice theory: An experimental analysis of animal behavior），剑桥大学出版社，1995 年出版。

[53] 参考以下示例：

- L.Wan、M. Zeiler、S. Zhang、Y. L. Cun 和 R. Fergus 的文章《使用 dropconnect 调整神经网络》（Regularization of neural networks using dropconnect）；

- Yajie Miao、F. Metze 和 S. Rawat 的文章《用于低资源语言识别的最大深度网络》（Deep maxout networks for lowresource speech recognition）。

[54] 如果你正在使用 Tanh 激活函数，那么当输出值接近−1 时，可以将神经元视为未激活状态。

[55] 参见 Devroye、P. Luc 和 Terry J. Wagner 的文章《随机分布性能边界的隐函数规则》（Distributionfree performance bounds for potential function rules）。

[56] 参见 Stone、Mervyn 的文章《交叉验证选择和统计预测评估》（Cross-validatory choice and assessment of statistical predictions）。

[57] 如果测试集来自联合概率分布 $P(x, y)$ 的典型样本，则误差将连续渐进地变化。因此：

$$\lim N \to \infty R_{\text{test}}(\theta) = R(\theta)$$

$R(\theta)$ 是平均误差。测试误差与平均误差的关系关键取决于样本大小。

[58] 参见 Larson 和 C. Selmer 的文章《多重相关系数的收缩》（The

shrinkage of the coefficient of multiple correlation）。

[59] 参见 Selfridge 和 G. Oliver 的文章《模式识别和现代计算机》（Pattern recognition and modern computers）。

[60] 参见 Domingos 和 Pedro 的文章《关于机器学习的一些有用知识》（A few useful things to know about machine learning）。

第 12 章
汽车价格预测

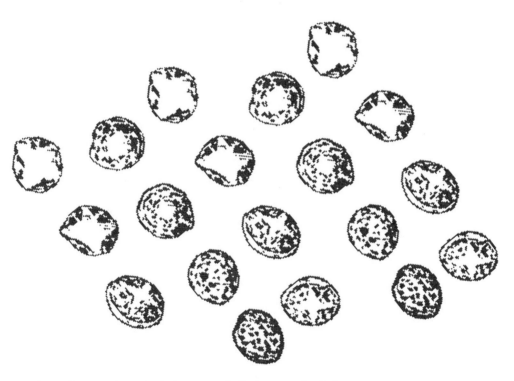

我们有且只有一个老板——消费者。顾客至上。

——A·G·雷富礼

人们经常听到二手车之间的价格差别很大，甚至那些相同型号和年份的车也存在价差。通常大家对这种现象的看法是，购买廉价车辆的行为必定是私人销售，因为这反映了"公平的价格"。

另一方面，昂贵的车辆被认为是由于经销商的贪婪。这种对话的奇怪之处在于，经销商的地址从未被提及。就像神话故事中的独角兽一样，即使没有人真正看到过，也会出现在现场。大家那样说，所以就信以为真了 [61]。

不过，为了帮助读者确定"公平的价格"，本章将探讨构建一个深度神经网络来预测二手车的价格。

12.1　二手车价格的关键因素

在过去的一个世纪中，地球空间已经潜移默化地简化为交通网络——天空、海洋、陆地，特别是机动车，开发出的功能已经能够满足商业和休闲的需求。机动车发明之初是为了代替马拉货。在早期的时候，在产品即将上市时，亨利·福特曾说过：

"为大众造车，让工薪阶层也能拥有一辆自己的车。到那时，任何人都可以买得起，而且每个人都会有一辆车。马将从我们的公路上消失，汽车将被视为日用品。"

随着流水线的引入，批量生产的福特 T 型汽车大规模上市了。

目前，每年全球乘用车销量超过 7 000 万辆，福特汽车公司是世界领先的汽车制造商之一。

转售价值

二手车的转售价值取决于诸多因素。最重要的因素包括车龄、制造商、型号、里程和功率。其他因素包括使用的燃料类型、内饰的风格、制动系统、加速度、汽缸数量、安全性、车门数、车身颜色、消费者口碑、是否支持定速巡航、是自动挡还是手动挡等。

如你所见，车价取决于很多因素。在实际生活中，关于这些因素的信息并不都是可用的。所以我们开发的系统必须基于可用的因素来预测价格。

12.2　下载二手车数据集

我们采用的数据是收集了几百辆二手普通轿车的数据[62]。表 12-1 列出了其中的属性。目标变量是 price[63]。

上述数据可以从《统计教育》杂志网站下载。以下是具体步骤：

```
loca="C:/Car_Data"
setwd(loca)
urlloc="http://www.amstat.org/publications
  /jse/datasets/kuiper.xls"
download.file(urlloc,destfile="CarValue.xls
  ",mode="wb")
```

该数据存储在一个 Excel 文件中，并会被保存到名为 loca 的目标文件夹中。另存的文件名为 CarValue.xls。

表 12-1　汽车数据集属性

R 名称	说　　明
Price	建议零售价
Mileage	汽车行驶的里程数
Make	土星、庞蒂亚克和雪佛兰等厂商
Model	Ion、Vibe、Cavalier 等
Trim	SE Sedan 4D、Quad Coupe 2D 等
Type	车身类型，如轿车、跑车等
Cylinder	发动机中的气缸数量
Liter	更具体的发动机排量指标
Doors	车门数量
Cruise	汽车是否支持巡航控制（1 ＝巡航）
Sound	汽车是否升级音响（1 ＝已升级）
Leather	汽车是否有真皮座椅（1 ＝皮革）

12.3　评估二手车价格和其他属性的关系

　　R 语言的优点之一就是它可以读取各种各样的文件类型。要读取 Excel 文件，我们可以使用 readxl 软件包。下面将把数据直接添加到 R 对象数据集中：

```
library(readxl)
dataset<-read_excel("CarValue.xls")
```

　　str 函数为我们提供了数据的概要信息：

```
str ( dataset )
```

```
Classes 'tbl_df', 'tbl' and 'data.frame':        804 obs. of  12 variables:
$ Price   : num  17314 17542 16219 16337 16339 ...
$ Mileage : num  8221 9135 13196 16342 19832 ...
$ Make    : chr  "Buick" "Buick" "Buick" "Buick" ...
$ Model   : chr  "Century" "Century" "Century" "Century" ...
$ Trim    : chr  "Sedan 4D" "Sedan 4D" "Sedan 4D" "Sedan 4D" ...
$ Type    : chr  "Sedan" "Sedan" "Sedan" "Sedan" ...
$ Cylinder: num  6 6 6 6 6 6 6 6 6 6 ...
$ Liter   : num  3.1 3.1 3.1 3.1 3.1 3.1 3.1 3.1 3.1 3.1 ...
$ Doors   : num  4 4 4 4 4 4 4 4 4 4 ...
$ Cruise  : num  1 1 1 1 1 1 1 1 1 1 ...
$ Sound   : num  1 1 1 0 0 1 1 1 0 1 ...
$ Leather : num  1 0 0 0 1 0 0 0 1 1 ...
```

在我们开始建模练习之前，最好先看看我们尝试预测的内容。图 12-1 显示了汽车价格分布的直方图。

我们可以看到，大部分汽车的价格在 21 000 美元左右，尾部的某些汽车价格在 70 000 美元左右。这些可能是包含丰富配置的"豪华"车型。

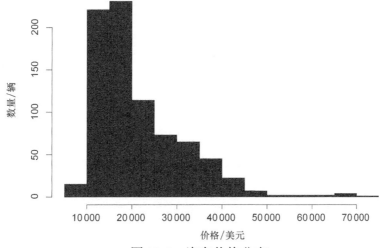

图 12-1　汽车价格分布

价格和其他属性的关系

让我们花点时间来探讨一下价格和其他属性之间的关系。图 12-2 展示的价格（Price）和里程（Mileage）之间的关系是非线性的，并且相当复杂。

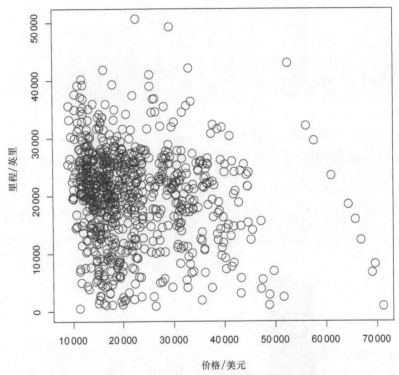

图 12-2　价格（Price）和里程（Mileage）的散点图

图 12-3 显示了汽车价格和品牌之间的关系。很明显，凯迪拉克这个牌子的汽车普遍更贵一些，其次是萨博。价格较低的品牌是土星，价格区间也很窄。就我们所预期的车型而言，敞篷型汽车较贵，而两厢车平均售价较低。

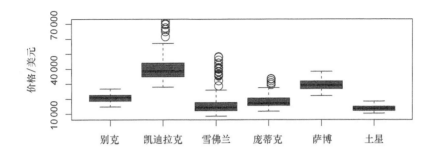

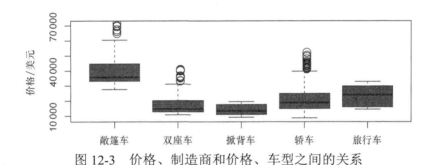

图 12-3　价格、制造商和价格、车型之间的关系

图 12-4 显示了汽车价格和其他一些属性的关系。正如我们预期的那样，随着汽缸数量的增加，以及诸如真皮坐椅和定速巡航等配置的出现，价格也随之上涨。

双门车的价格差异很大。在高端车市场，这可能是由高性能的敞篷车驱动的；在低端市场，则是由经济型车驱动的。

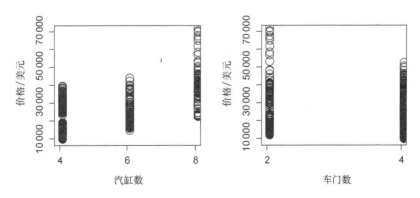

图 12-4　价格和汽缸数、车门数、导航、真皮材质之间的关系

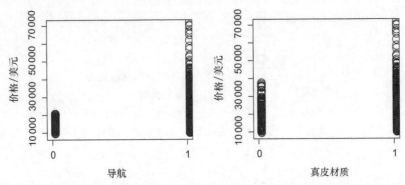

图 12-4　价格和汽缸数、车门数、导航、真皮材质之间的关系（续）

12.4　一个简单的数据预处理技巧

该数据集有 804 个样本和 12 个属性。注意，Make、Model、Trim 和 Type 都是字符值。比如：

```
class(dataset$Make)
[1] "character"
```

我们可以使用 unclass 函数将这些字符对象转换成因子。这是一个巧妙的小技巧。具体步骤如下：

```
dataset<-as.data.frame(unclass(dataset))
```

现在快速查看一下 dataset$Make：

```
class(dataset$Make)
[1] "factor"

head(dataset$Make)
[1] Buick Buick Buick Buick Buick Buick
Levels : Buick Cadillac Chevrolet Pontiac
```

```
SAAB Saturn
```

这些层级现在以基于文本的因子记录——别克（Buick）、凯迪拉克（Cadillac）、雪佛兰（Chevrolet）、庞蒂克（Pontiac）、萨博（SAAB）和土星（Saturn）。我们希望将它们转换成二元指示器矩阵，以便每个层级都包含一列。一种办法是通过 nnet 软件包中的 class.ind 函数。只需调用该函数并传递希望转换的数据即可：

```
require(nnet)
Make=class.ind(dataset$Make)
Model=class.ind(dataset$Model)
Trim=class.ind(dataset$Trim)
Type=class.ind(dataset$Type)
```

现在看看 R 对象 Make：

```
head(Make)
```

```
     Buick Cadillac Chevrolet Pontiac SAAB Saturn
[1,]     1        0         0       0    0      0
[2,]     1        0         0       0    0      0
[3,]     1        0         0       0    0      0
[4,]     1        0         0       0    0      0
[5,]     1        0         0       0    0      0
[6,]     1        0         0       0    0      0
```

下一步是将这些因子整合到 R 对象 car_fac 中；创建包含标准化数值因子的数据帧 numericals，然后将 car_fac、numericals 和目标变量整合到 R 对象 data 中：

```
car_fac<-scale(cbind(Make,Model,Trim,Type))
```

```
numericals<-cbind(dataset$Mileage,dataset[,7:12])
```

```
max_min_Range<-function(x){(x-min(x))/(max(x)-min(x))}

numericals<-max_min_Range(numericals)

data<-as.matrix(cbind(car_fac,numericals,log(dataset$Price)))
```

经过预处理后的数据包含 98 列：

```
ncol(data)
[1] 98
```

12.5　快速建立训练集和测试集

在不替换的情况下，从训练集中随机抽取 700 个样本：

```
rand_seed=2016
set.seed(rand_seed)
n_train=700
train<-sample(1:nrow(data),n_train,FALSE)
x_train<-data[train,1:97]
y_train<-data[train,98]
x_test<-data[-train,1:97]
y_test<-data[-train,98]
```

在我们构建模型之前，来快速了解一下 mini batching 算法。

12.6　充分利用 mini batching 算法

传统的反向传播算法会计算网络权重的变化，即 delta 或梯度，这适用于 DNN 所有层中的每个神经元以及每个单个周期。delta 基本上是微积分导数的调整，旨在最大限度地减小实际输出与 DNN 输出之间的误差。

一个非常大的 DNN 可能具有数百万个需要计算 delta 的权重。考虑一下吧……数以百万计的权重需要进行梯度计算……正如你所想的那样，整个过程可能需要相当长的时间。甚至存在这种可能，DNN 在一个可接受的解决方案上的时间开销使其在特定应用中变得不可行。

mini batching 算法是一种常见的加速神经网络计算的方法。它会在若干训练样本（批次）上一起计算梯度，而不是在每个独立样本执行原始梯度下降算法时发生。

批次（batch）由一个前进/后退过程中的多个训练样本组成。要了解 min batching 算法的计算效率，可以假定批量为 500，并有 1 000 个样本。完成一个周期只需两次迭代。

> ✍ **温馨提示**
> 批处理尺寸越大，运行模型所需的内存就越多。

12.6.1　一个问题

一个常见的问题是我们应该在何时使用 mini batching 算法。这个问题的答案取决于你正在构建的 DNN 的大小。模型中的神经元越多，mini batching 算法的优势越明显。

另一个常见的问题是关于最小批量（mini batch）的尺寸。尽管在书本上你经常会看到最小批量的尺寸是 3 550、100、200 等。这些数值通常用于演示。在选择合适尺寸上有一定的技巧和科学。根据我的经验，并没有一个数值在所有情况下都是最优的。建议尝试不同的数值，以便了解适用于你的样本和特定 DNN 架构的数值。

12.6.2 R 中的批量大小

我们构建一个包含两个隐藏层的模型，并且批量大小为 200：

```
require(deepnet)
set.seed(rand_seed)
fit1<-nn.train(x=x_train,y=y_train,
hidden=c(3,2),
activationfun="tanh",
momentum=0.15,
learningrate=0.85,
numepochs=200,
batchsize=100,
output="linear")
```

第一层中有 3 个节点被选中，第二层有两个节点被选中。momentum 参数被设置为合理的低值 0.15，而学习率高达 0.85。该模型会运行超过 200个周期，其中采用的激活函数是 tanh。在我们构建回归预测模型时，输出激活函数被设置成"线性"的。

12.7 测量和评估模型性能

性能测量是通过 Metrics 软件包中的 MSE 和 R-平方功能实现的：

```
pred1<-nn.predict(fit1,x_train)
require(Metrics)


mse(pred1,y_train)
[1] 0.001809124
```

```
cor(pred1,y_train)^2
          [ ,1]
[1 ,] 0.9893688
```

R-平方的值接近 1，而 MSE 的值非常低。出现了这样理想的结果，我们现在知道深度神经网络过度拟合了。所以我们最好进行检查来减少这种可能性。一种有用的办法是通过交叉验证。

12.8　高效交叉验证的基本要领

在教科书中，你有足够的数据用来进行训练集训练和验证模型，并有足够的数据通过测试集来评估模型的质量。在这种情况下，隐含着一个庞大且多样化的样本库，可以从中准确估计模型参数和误差率。但是，在实际工作中，你可能经常会遇到数据不足的问题，样本稀缺而非丰富是常态。交叉验证技术在这里很有用，因为它们试图提取预期分类误差的大部分信息。

k-折交叉验证

k-折交叉验证的思想是由明尼苏达大学统计学院的创始人 Seymour Geisser[64] 提出的。在 k-折交叉验证中，训练样本被划分为 k 个相同大小的片段。对于 k 个片段的每一个片段，k-1 个片段用于培训，剩下的一个片段用于测试。通过这种方式，总共可以进行 k 次实验，并且数据集中的所有样本最终都会用于训练和测试。图 12-5 演示了 k=5 的示例。较暗的部分表示测试集，较亮的部分表示用于训练的测试集数据。

分类误差率的估计值是作为单独的 k 个估计值的平均值得到的：

$$\tilde{R}_{\text{test}}^{*}(\theta) = \frac{1}{k}\sum_{i=1}^{k}\tilde{R}_{\text{test},i}(\theta)$$

$\tilde{R}_{\text{test},i}(\theta)$ 是第 i^{th} 个测试集上的分类误差。

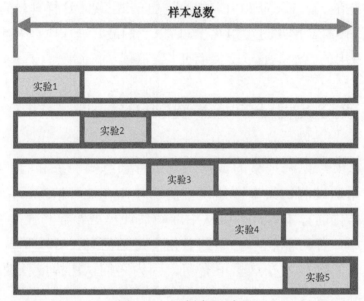

图 12-5 5-折交叉验证

> ✎ 温馨提示
>
> 在训练和测试数据都是从相同分布生成的情况下,对在 $N\left(1-\dfrac{N}{K}\right)$ 个样本
> 上训练的函数的 k-折交叉验证,提供了对分类误差的无偏差估计。

实际上,折叠次数的选择取决于数据集的大小。对于非常稀疏的数据集,我们可能必须使用 leave-one-out 交叉验证,其中 k 的值为样本数。为了尽可能多地训练模型,这是必要的。一般来说,折叠数越大,真实误差估计量的偏差就越小。不幸的是,误差估计量的方差会随着折叠次数的增加而增加。在实际操作中,通常会指定 5 次或 10 次交叉验证。

12.9 一个可以轻松模拟的实用示例

我将使用 10 倍折叠演示交叉验证的基本思路，其中数据以如下方式分割：90%训练集和 10%测试集随机 10 次。

```
require(caret)
cv_error<-NULL
k<-10
set.seed(rand_seed)
folds<-createFolds(train,k=k)
```

cv_error 对象用于存储每个交叉验证的 R-平方。我们将设置 *k*=10 进行 10 次折叠。caret 软件包中有一个用于创建随机样本的实用函数叫 createFolds。我们将充分利用该函数将 *k*=10 的折叠结果放到 R 对象 folds 中。

> ✍️温馨提示
>
> 可以使用 folds$Fold 查看任何折叠。 例如，要查看在第二个折叠中选择的行号，可以输入：
>
> ```
> folds$Fold02
> ```
>
> ```
> [1]    5   7   8  20  43  49  63  68  77  81  84 111 119 121 122 126 130 147 151
> [20] 153 163 166 175 185 188 191 208 213 243 247 291 302 303 305 364 369 370 379
> [39] 380 395 398 401 428 431 449 452 472 483 484 506 525 535 559 560 573 582 609
> [58] 614 617 619 625 636 651 654 659 673 679 686 690 693 699
> ```

12.9.1 一个简单的 for 循环

为了执行每次折叠，我们会使用一个 for 循环语句：

```
for(i in 1:k){

x_train_cv<-data[folds[[i]],1:97]
y_train_cv<-data[folds[[i]],98]

set.seed(rand_seed)
fit_cv<-nn.train(x=x_train_cv,
y=y_train_cv,
hidden=c(3,2),
activationfun="tanh",
momentum=0.15,
learningrate=0.85,
numepochs=200,
batchsize=100,
output="linear")

pred_cv<-nn.predict(fit_cv,x_train_cv)
cv_error[i]=cor(pred_cv,y_train_cv)^2
}
```

该循环将非常快速地迭代执行 k 次（在本示例中为 10 次）。来自每个拟合模型的训练集 R-平方被存储到 cv_error[i]中。要查看第一个模型的拟合值，只需输入：

```
cv_error [1]
[1] 0.9709162
```

R-平方的值为 0.97，非常高，接近我们之前观察到的值。图 12-6 总结了所有 10 倍折叠的结果。最小的 R-平方值为 0.94，最大值为 0.99。范围很小，并且所有值都在 0.90 以上，足够让我们了解模型在实际训练集上的执行效果。

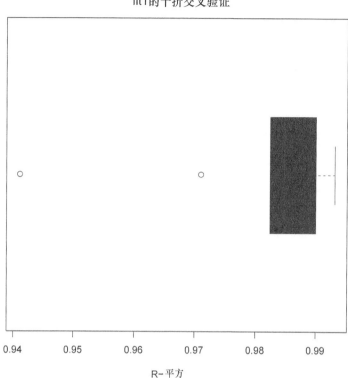

图 12-6 交叉验证 R-平方框图

12.9.2 测试集上的性能

以下是测试集的数量:

```
pred1_test<-nn.predict(fit1,x_test)

mse(pred1_test,y_test)
[1] 0.001480497

cor(pred1_test,y_test)^2
        [ ,1]
[1 ,] 0.991796
```

效果很理想，该模型符合训练集的数目，并且 R-平方的值为 0.99。预测值和实际值如图 12-7 所示。

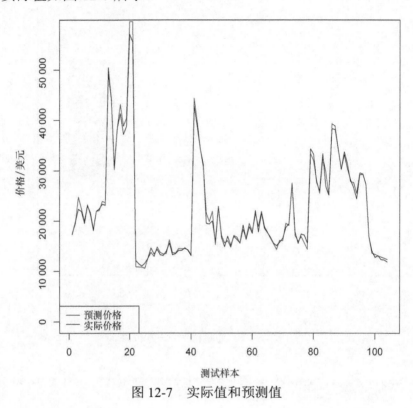

图 12-7　实际值和预测值

12.10　最后的思考

在我们的入门之旅接近尾声时，你已经深入了解了深度神经网络在商业上的巨大潜力，同时也希望你多留意当下最新的实用工具。在未来的几个月中，很多工具将变得简单和易用。就像早期的机动车，那时机械师会被要求能够操作机器。而今天，我们可以驾驶车辆到达我们希望去的任何地方，同时我们可以对内燃机的运转和运动机制一无所知。诸如 Python 和 R 这样的编程语言为商业分析师提供了快速设计和测试新想法的机会。它们就是我所说的想法加速器。你可以用它们来快速地推进你的应用，而不用"浪费"时间去处理从第一原则到另一个深层神经的编码细节。

当然，从零开始构建神经网络并没有什么问题。然而，对于在职的数据科学家来说，将技术应用到每个商业问题上才是深度学习的终极目标。快乐源于创造！

附言：通过 info@NigelDlewis.com 联系我，将你的成功案例与我分享。

12.11　参考资料

[61] 我们发现汽车经销商提供了非常有竞争力的价格，并且对我们所购买的所有汽车都非常满意。

[62] 收集的数据来自 Shonda Kuiper 编写的 2005 年度车型的凯利蓝皮书。参见 Shonda Kuiper 的文章《多重回归介绍：你的汽车价值几何？》（Introduction to Multiple Regression:How Much Is Your Car Worth?）。

[63] 样本中的所有车辆的车龄都少于一年，售出后车况都非常良好。

[64] 参见 Seymour Geisser 的文章《应用程序预测样本的复用方法》（The predictive sample reuse method with applications）。

恭喜！你坚持到了最后。

过去几年，我和成千上万人交流过。我很想听听你对本书的看法和见解。请通过 Info@NigelDLewis.com 联系我，提供你的意见，问题和建议。

祝你好运！

感谢你让我在数据科学旅程中与你合作。

Dr. N.D. Lewis